新定位 大生态

——云南建设生态文明排头兵纪实

黄　玲◎著

云南出版集团

云南人民出版社

图书在版编目（CIP）数据

新定位　大生态 ：云南建设生态文明排头兵纪实 / 黄玲著. -- 昆明 ：云南人民出版社，2017.10

ISBN 978-7-222-16528-1

Ⅰ. ①新… Ⅱ. ①黄… Ⅲ. ①生态文明－建设－研究－云南 Ⅳ. ①X321.274

中国版本图书馆CIP数据核字(2017)第238078号

策　　划：李　维　赵石定
出 品 人：赵石定
责任编辑：刘　焰　徐　霞　李　爽
装帧设计：马　滨　杨晓东
责任校对：文艺蓓
责任印制：洪中丽

新定位　大生态

——云南建设生态文明排头兵纪实

作者　黄玲　著
出版　云南出版集团　云南人民出版社
发行　云南人民出版社
社址　昆明市环城西路609号
邮编　650034
网址　www.ynpph.com.cn
E-mail　ynrms@sina.com
开本　720mm×1010mm　1/16
印张　15.25
字数　180千
版次　2017年10月第1版第1次印刷
印刷　昆明富新春彩色印务有限公司
书号　ISBN 978-7-222-16528-1
定价　35.00元

如需购买图书、反馈意见，请与我社联系
总编室：0871-64109126　发行部：0871-64108507
审校部：0871-64164626　印制部：0871-64191534

云南人民出版社公众微信号

前言：习习春风，云南有约

云南的春天温暖而多情，绿水青山鸟语花香，高山河谷春意盎然。

当北方传来多地被雾霾笼罩的消息时，云南蔚蓝的天空下却是一派清新，空气中弥漫着花香的气息。健康生态的宜居环境，成了云南新的骄傲。在生态观念的变革中，经过全省上下的共同努力，云南大地的生态环境发生着重要变化。山更青水更绿，七彩大地焕发出勃勃生机。习习春风吹过处，云岭大地回响着“绿水青山就是金山银山”的至理名言。每当提起这句话，云南人就会想起和习总书记的郑重约定。

近年来，习近平总书记曾经两次来云南，和云南的山水结下了深厚情谊，给云南人留下深刻的印象。他的足迹所到之处，留下了许多动人的传说。他除了关心云南的发展建设，对云南的生态环境更是牵挂于心，有许多重要的论述。2015年春天，他在洱海边考察之后和当地干部合影留念，然后郑重地说：“立此存照，过几年再来，希望水更干净清澈。”

和习总书记的约定，成了云南生态建设的重要动力。云南各行各业都在行动，在为争做全国生态文明建设排头兵而努力奋斗着。

2008年11月，时任国家副主席习近平第一次来云南考察指导工作。他来到了西双版纳这片被绿色覆盖的土地上，在勐海县勐遮镇曼恩村和当地干部、村民亲切交谈，鼓励他们做好生态高效农业这篇文章。他来到普洱，考察思茅区的万公顷茶园，向茶农了解茶叶的种植情况。在昆明他还到滇池治污工程、中科院昆明植物研究所等地考察生态文明建设情况。他要求各级政府部门要“建立健全符合生态文明要求的经济社会发展综合评价体系”，要“扭转重经济指标、轻生态环境指标的倾向”。这在当时重视追求经济发展的社会背景下，无疑是理性而清醒的声音，体现了前瞻的思维与眼光。

习近平为云南带来的是全新的、科学的生态文明观念，他主张“推动形成经济发展是政绩、保住青山绿水是更大的政绩”，给很多干部以深刻启示和触动。时代在发展进步，我们的思维和观念也要跟上去。

云南在思考，云南在行动。

2015年，担任中共中央总书记的习近平离京考察的第一站，又选择在云南。他亲切看望了鲁甸地震灾区的民众，考察了灾区重建的情况，鼓励大家建设好美好家园。总书记的云南情让云南人感动至深。

习总书记的这次云南之行，生态问题仍然是他关注的重点之一。滇池、洱海之畔都留下了他匆匆的脚步，目光所投之处牵挂着云南生态的发展进步，思考着长远的未来。在洱海他还来到白族农家小院，亲身感受农家之乐，和百姓共话家常。

于湖光山色中，享受片刻的安宁与温馨，然后又将踏上新的征程，去谋划一个国家更大的发展战略。临别时他殷殷嘱咐大家："云南有很好的生态环境，一定要珍惜，不能在我们手里受到破坏。"众人频频点头、感动不已。为总书记对云南的一片真情，也体现出总书记对生态的重视与关心。

苍山的雪晶莹剔透，洱海的水波浪起伏。"过几年再来"成了总书记与云南人的郑重之约。云南在努力，不但要把云南的生态建设好，还要争做全国生态文明建设的排头兵，不负总书记的殷切希望。

2017年，习近平总书记在主持中共中央政治局第四十一次集体学习时再次强调：推动形成绿色发展方式和生活方式是贯彻新发展理念的必然要求，必须把生态文明建设摆在全局工作的突出地位。

在云南四千万人民的共同努力奋斗下，生态在进步，环境大变样，从昆明到普洱、西双版纳，青山绿水美丽如画；从文山到红河、大理、丽江，生态文明观念深入人心；从昭通到曲靖，滇东北的生态在改观……

红土高原阳光灿烂，七彩大地涌动着生态文明的浪潮，建设美好宜居的家园，是每一个云南人共同的理想和追求。我们在行动，我们在奋斗！

春风习习，云南有约。

红土高原期待着总书记再次光临，赴他和云南的约定，看看七彩大地的新变化，嗅嗅蓝天下清新的空气，吹吹滇池清凉的风。再来大理喝一口经过治理后更加清澈的洱海水，和老百姓拉拉家常，说说生活的新变化。

云南的山水期待着，云南人民期待着。

目录
CONTENTS

第一章　争当生态文明建设排头兵

习近平总书记对云南一直投以深情、寄予重望，他希望看到“云南的天更蓝，地更绿、水更清”，这是多么让人感动的情怀！在全国生态文明建设的浪潮中，云南有理由走在前列，不但建设好自己的美丽家园，还要为全国的生态建设做出表率。

一、碧水蓝天下的生态新曲

到过云南的人都知道有一种蓝色叫“云南蓝”，瓦蓝的天空水洗一般明净，再加上那些浮动在蓝天下的白云，如一幅诗意而悠远的水墨画。红土高原的大地上还有许多高原湖泊星罗棋布，像一颗颗耀眼的蓝宝石，装点着云南的山河。

诗意的描述让人心动，但是科学的数据或许更有说服力。

以云南省会昆明为例，2017年世界环境日到来之前，昆明市环保局发布了《2016年昆明市环境状况公报》，其中一些数据可以充分说明昆明的环境情况到底如何。比如大家都关心的空气质量，公报中宣布一年之中昆明市主城区优良天数为362天，其中优级天数146天、良级天数216天。空气质量日均值达标率高达98.9%，排名全国第九。还有人们关心的饮用水问题，据公报披露，昆明主城区集中式饮用水源地中，云龙水库、松华坝水库、宝象河水库、自卫村水库、清水海、大河水库、柴河水库均100%达标。[1]

在云南，碧水蓝天不是梦，而是真实的现实。

很多旅游者，就是冲着云南的碧水蓝天而来。来这里呼吸新鲜的纯净的空气，观赏美丽万象的生态，与大自然来一回亲密接触。在云南省省会昆明，可以去滇池观万顷碧波，与海鸥同乐；可以登西山俯仰天地，在睡美人的怀抱里观风景、觅诗意。一路西行还可以到大理逛千年古城，感受洱海的别样风情。再往西有丽江的玉龙雪山，矗立在蓝天下与你有一次旷世之约。还可以到香格里拉藏区，沉醉于鲜花盛开的草甸，领略返璞归真的纯净。如果往南，有石林和阿诗玛在等你；有古老的红河如巨龙奔腾；有神奇的哈尼梯田藏在云端；还有普者黑的如画风光；坝美的世外桃源……

无论南线还是西线，云南的碧水蓝天都会与你一路相伴，让你如同走进画境，在风光和诗意中前行。天上没有雾霾，地上片片绿色覆盖。空气中弥漫着的是沁人心脾的清香，目力所及之处是红土高原立体多元的美丽风景。

你会感叹：云南的魅力无所不在，云南人生活在画境之中！

在中国辽阔的版图上，云南是一片独特的土地。它地处祖国西南，是人类古老的发祥地之一。它边境线绵延数千里，自古就是中国连接东南亚各国的重要陆路通道。它资源丰富，有“动物王国”“植物王国”“花卉王国”“有色金属王国”之美称。其他民族众多，26个民族和睦相处，十余个民族跨境而居，共同创造了云南古老悠久的历史。

云南的自然环境虽然得天独厚，但是在一味追求经济利益的时期，也曾经走过弯路，留下过教训。从“盼温饱”的时代一路走来，大自然曾经被当成无穷索取的对象，被过度开发利用。山林曾经被砍伐，河流曾经被污染，动物曾经被猎杀……

不独云南，在人类社会的发展进程中，如何处理社会发展和自然生态的关系，一直是世界性的难题。西方的工业革命给西方带来发展进步的同时，也曾经给他们留下种种问题和困扰。19世纪的英国，工业快速发展的同时，雾霾和污染也接踵而至。伦敦人一年中有50天要生活在“雾日”，视域不超过1000米。直到1952年，还发生了有名的

“伦敦烟雾事件”。据说某歌剧院当时正要上演著名作家小仲马的歌剧《茶花女》，却因雾气影响，观众竟然看不清舞台，剧院只好被迫取消演出。伦敦的人们走在街头，大有“水中望月，雾里看花”般的朦胧效果。

正是在越来越严重的生态问题困扰中，世界各国才开始反思、探索，开始重视生态和环保。人类开始明白，大自然经不起无尽的索取，在赐给人类资源的同时，也会赐之以报应。世界上各种频发的自然灾害就是最好的警示。大气污染、地震、泥石流、荒漠化……

云南有着立体多元的自然景观，也有着立体多元的生态问题。地质灾害、地貌灾害、气象灾害从来就没有远离过这片土地。所以，云南人对生态的理解与重视，或许比别的地方的人更迫切和深刻。一路走过了“盼温饱”到“盼环保”的历程，终于由“求生存”走上了“求生态”的道路。从20世纪80年代，国家把保护环境作为基本国策开始，就为云南的生态问题带来了希望和曙光。

近年来，习近平总书记两次到云南，又为云南的生态环境发展指明了方向。他用生动形象的表述，让人们明白“留得住青山绿水，记得住乡愁”才是最好的生态理想和方向。

云南满目的绿水青山，似在印证着总书记的讲话。多年来，经过从云南省委到乡（镇）一级上上下下的共同努力，云南的生态环境已经有了很大改观，现在的云南，真正是“四时有不谢之花，八节有长青之草”。而且绿水青山不仅是养眼的风景，更体现出了金山银山的效应，正在为云南带来物质和精神财富。

以云南的林业系统为例，“十二五”以来林业改革发展取得了显著成效。在保护优先的原则指导下，生态环境明显改善。从一组数据中可以更直观地体会到取得的具体成效：

全省林地面积由3.71亿公顷增加到3.91亿公顷，居全国第二。

森林覆盖率由52.9%提高到59.3%，居全国第五。

森林蓄积量从16.37亿立方米增加到18.95亿立方米，居全国第二。

全省森林生态系统年服务功能价值达1.48万亿元，居全国前列。

此外还有：累计实施新一轮退耕还林和陡坡地生态治理30万公顷，完成营造林约282.93万公顷，义务植树6.28亿株，石漠化综合治理9万公顷，创建国家级森林城市2个。新增国家级自然保护区4个、国家森林公园4个、国家湿地公园14个；开展退化湿地恢复近0.13万公顷，90%的典型生态系统和85%的重要物种得到了有效保护。探索了“政府资金支持引导、经营者自筹为主、社会资本参与、金融资本运作”的生态治理新模式，启动了洱海保护面山植被恢复、红河州森林质量提升、保山市万公顷东山生态恢复、澄江抚仙湖径流区植被恢复治理、楚雄州和普洱市国家储备林基地建设等一批示范项目。[2]

……

云南生态的发展历程证明，重视生态和环境保护，不仅仅是一种观念的更新，更体现着向人类文明新高度攀登的过程。从全球化的角度看，正在来临的第四次工业革命，其中心便是生态革命。中国作为泱泱大国，有望成为生态革命的创新者、引领者。云南作为生态大省，有责任和义务为中国的生态革命贡献力量、做出表率。时代在呼唤，机遇在降临。

云南的碧水蓝天如诗如画，云南的绿水青山正转变为金山银山。

云南将扬起时代的风帆，努力竖起生态发展的标杆，为谱写一曲全新的生态文明之歌做出应有的贡献。

二、奋勇前行，争当排头兵

建设“美丽中国”是党的十八大做出的重要部署。

2012年11月8日，中国共产党第十八次全国代表大会在北京召开。胡锦涛同志在“十八大报告”中明确提出：“建设生态文明，是关系人民福祉、关乎民族未来的长远大计。面对资源约束趋紧、环境污染严重、生态系统退化的严峻形势，必须树立尊重自然、顺应自然、保护自然的生态文明理念，把生态文明建设放在突出地位，融入经济建设、政治建设、文化建设、社会建设各方面和全过程，努力建设美丽中国，实现中华民族永续发展。”

建设“美丽中国”，这是多少代中国人的梦想！从战火纷飞的年代到新中国成立，从极“左”路线走过的弯路到到改革开放的探索实践，无数中国人曾经在历史的征途中寻找正确的方向。从单纯追求经济效益，解决生存和温饱问题，到今天把建设生态文明上升到“关系人民福祉、关乎民族未来的长远大计”，执政党走过了一条复杂艰辛的道路。今天终于可以欣慰地看到，“中华民族的永续发展”才是一个国家最大的利益追求！也是所有中国人共同的理想和愿望。

认真研读“十八大报告”会发现，它第一次把“推进绿色发展、循环发展、低碳发展”“建设美丽中国”等概念提到一个全新的高度来认识。把生态文明建设上升到国家总体布局的高度来认识，体现了一个执政党的高瞻远瞩，也是对中华民族和时代负责的态度和精神。

遥远的云南边疆也在关注着这次盛会。作为中国西南生态屏障和“美丽中国”版图中的“绿色明珠”，云南省将如何进一步推进生态文明建设，做出自己应有的贡献？云南省委、省政府在思考，在制定新的措施和规划。

有一点可以肯定：作为生态大省的云南，在国家生态建设中有着不可忽视的地位。只有加强生态文明建设，才能使“七彩云南”放射出更加夺目的光彩。习近平总书记对云南一直投以深情、寄予重望，他希望看到“云南的天更蓝，地更绿、水更清”，这是多么让人感动的情怀！在全国生态文明建设的浪潮中，云南有理由走在前列，不但建设好自己的美丽家园，还要为全国的生态建设做出表率。

2013年8月，“云南省委省政府关于争当全国生态文明建设排头兵的决定”出台，吹响了云南生态建设的进军号。“排头兵”，一个光荣而重要的使命！它承担着打开局面、做好表率，做好生态环境文明建设的前进路标，身负“先行者”的历史重任。

争当生态文明建设排头兵，是时代和国家赋予云南的使命。

在“一带一路”的宏伟蓝图中，云南是面向南亚、东南亚的辐射中心，是古代丝绸之路上的重要环节。它有着茶马古道的悠久历史及郑和七下西洋的航海壮举，近代史上有滇越铁路、驼峰航线，让云南和国家民族的命运血肉相连。

在新世纪的生态文明建设中，云南更是有着重要的位置和使命。云南是一块美丽而神奇的土地，它有着丰富而立体多元的自然资源。它以特殊的地形地貌和多样的气候类型，形成了极为丰富的物种资源。它仅占全国4％的国土面积，却拥有全国一半以上的植物和将近一半的动物种类。在滇西高原有海拔五千多米的数座雪峰，神性地矗立于大地。在滇南有海拔仅几十米的河口盆地，展现着婉约风姿。从南到北，从东到西，云南的生态资源包罗万象，丰富多姿，在国家生态建设中具有重要的战略地位。

所以习近平总书记明确要求云南要“切实加强生态文明建设，努力使‘七彩云南’放射出更加耀眼的光芒”。这是殷切的希望，也是满怀深情的重托。这些明确指示充分体现了中央对生态文明建设的重视，也为云南指明了生态文明建设的前进方向。“要使云南的天更蓝、地更绿、水更清”，这就是云南生态建设努力的具体目标和方向。

云南省委、省政府在行动。带领全省四千万人民朝着“建设美好家园”的方向大步迈进。任重而道远，未来要做的工作很多很多，但是综合起来重要的有几点：要让全社会牢固树立起生态文明观念，做到城乡人居环境有效提升；要让节约资源能源和生态环境的机制、体制更加完善；要让生物多样性宝库和西南生态屏障更加巩固，要让那些突出的生态环境问题得到有效解决；要让绿色发展、循环发展、低碳发展水平全面提升……

虽然任务艰巨，但前景一片光明。到2020年，将把云南建设成为“美丽中国”示范区，争当全国生态文明建设排头兵。

2015年，时任云南省省长陈豪在云南省十二届人大三次会议上做政府工作报告时强调：生态环境是云南的宝贵财富。要深入实施“生态立省、环境优先”战略，加强生态建设和环境保护，推动绿色可持续发展，争当全国生态文明建设排头兵。

2017年1月，云南省委书记陈豪在中国共产党云南省第十次代表大会上再次强调，必须坚持生态优先、绿色发展，牢固树立“绿水青山就是金山银山”理念，坚定走生产发展、生活富裕、生态良好的文明发展道路，筑牢国家西南生态安全屏障。陈豪书记的讲话，表明了云南省委、省政府把云南建设成全国生态文明建设排头兵的态度和决心。这意味着云南的生态文明建设将要攀登高峰、创造奇迹，开创一个全新的局面。云南的绿水青山，将要迎来一个和人类共享荣光的新时代；云南，将开启一个生态文明的新时代。

三、争先创优，树生态品牌

争当全国生态文明建设排头兵，意味着要敢于突破、转变观念

对生态文明的认识，需要更新观念、创新意识才能当好排头兵。从世界范围来看，生态文明是人类发展进程中的一个重要阶段，是对工业文明的升华和发展。工业革命曾经为人类带来了巨大的进步，也带来了许多需要解决的社会问题。现在已经到了第四次工业革命——生态革命的时代，在发展进步中日益强大起来的中国，有理由也有实力和发达国家站在同一起跑线上，成为发动者、创新者和引领者。这是中国作为泱泱大国、东方明珠的责任和光荣。

中国的生态文明建设，曾经走过艰辛曲折的道路。在单纯追求温饱的年代，经济是发展的首要目标。让人民群众吃饱穿暖，走上小康之路，是很多地方政府的努力方向。但是在21世纪追求“绿色发展之路”的时代，认真处理好保护和发展的关系，把生态问题上升到“生态兴则文明兴，生态衰则文明衰”的高度加以认识，这是思想和观念的极大进步。很多人的共同理想和愿望就是让我们身处的世界“天更蓝、山更青、水更绿”，让绿色诗意弥漫于我们的生活。

云南省作为全国的生态大省之一，一直在努力探索着，坚持不懈地发展壮大生态经济，并走出了一条保护生态与经济发展互动双赢的文明发展之路。

云南人已经意识到在生态文明的建设中，既要有观念的转变，还要有严格的制度保障，并要有切实的行动计划。云南人的生态观念，在时代浪潮的冲击下正在发生着重要变化。面对时代浪潮的冲击，历届云南省委领导都在思考资源开发与保护的问题，并努力寻求解决问题的办法。从一些省委领导的讲话和指示中可以感受到，他们已经清醒地认识到一点：良好的生态环境是云南最重要的资源和资本，也是云南发展的品牌和优势。只有充分发挥这一优势，云南才能在争当生态文明建设排头兵的行动中实现理想、取得胜利。

所以，“生态立省，环境优先”成了云南全省上下共同努力的目标。

一系列的生态行动在红土高原上火热地进行着，它预示着一场声势浩大的生态文明建设已经在云岭高原拉开帷幕。“七彩云南保护行动”、“生物多样性保护”、“森林云南”建设、“节能减排、防灾减灾”……产业发展与环境保护“双赢”，已经是这个时代的特色和追求。生态文明建设的最高理想，就是要把生态环境文明融入经济、社会、文化等方面的建设之中，这是一条根本的路径。

更重要的是，应该看到生态文明不仅仅是一项单纯的社会行动，它和人民群众的生活质量、幸福指数紧密相关。建设良好的生态环境，既可以改善、提升一方百姓的生活水平，同时也可以促进社会的和谐发展，体现着人民群众的共同愿望和诉求。一条走绿色发展道路、追求绿色生活方式的深刻社会变革正在进行，云南人的生活将因为这场变革收获重要的成果。

事实证明，全省上下只有转变、更新观念，才能做好生态文明建设的排头兵。

争当生态文明建设排头兵，意味着要勇于创新、积极行动

争当排头兵，必须具备开拓进取的创新精神，才能在生态文明建设中起好表率作用。要有敢为人先的精神和气魄，走前人没有走过的路。要敢于探索、努力进取，在实践中走出一条光明之路。

在云南省委的精心策划和安排下，云南上下都在努力行动。简要梳理一下最近几年的一些“大事”，就可以看出云南的信心和力度。

2013年8月，《云南省委省政府关于争当全国生态文明建设排头兵的决定》出台。2014年，云南省成为国家发展改革委、财政部、国土资源部、水利部、农业部、国家林业局等六部门联合启动的国家首批生态文明先行示范区。《云南省生态文明先行示范区建设实施方案》于2014年4月25日通过国家论证。12月，又得到国家六部委的正式签署。在这个“方案”中，可以感受到云南省争当生态文明建设排头兵的具体措施和精神。比如它提出了云南生态文明建设要围绕努力成为我国生态屏障建设先导区、绿色生态和谐宜居区、边疆脱贫稳定模范区、民族生态文化传承区、制度改革创新实验区的“五个”定位。使云南的生态文明建设有了具体目标和努力方向。

每一个定位，都是一项长远而繁重的工作。

每一个定位，都和提升人民群众的生活质量紧密相关。

每一个定位，都体现了云南省委的决心和力度。

每一个定位，都是对生态文明高度的努力攀升。

由此可以看出，生态文明建设是中国特色社会主义事业的重要内容。它关系到人民的幸福，关系到民族的未来，关系到中华民族伟大复兴和中国梦的实现。任重而道远，需要以一种时不我待、只争朝夕的精神催动云南人的脚步去创新、去奋斗，为争当全国生态文明建设排头兵而努力工作。

吹响号角，拉开帷幕，云南的生态文明建设开始了创新之路。

在“生态立省、环境优先”战略的指导下，最近几年几乎每一年都有新的政策、措施出台，体现着省委的思路和行动轨迹。

2015年3月，省政府办公厅印发《关于加强环境监管执法的实施意见》，从5个部分共17个方面，就环境执法提出了明确、具体的措施，为全省严格环境监管执法提供了依据。一系列相关法律法规的修订也有序进行研究。7月，省委常委会议审议并原则同意《中共云南省委云南省人民政府关于加快推进生态文明建设排头兵的实施意见》，要求各级各地各部门加快生态文明建设的步伐。

2016年11月，云南省委、省政府印发了《云南省生态文明建设排头兵规划（2016—2020）》。这个《规划》是对“十三五”时期生态文明建设的具体部署，也是一份指导性文件。同年12月，省委九届十二次全会审议通过了全省“十三五”经济社会发展规划建议，做出了关于绿色发展的部署。12月，由西南林业大学主办的“2016生态文明建设与绿色发展高端论坛”在昆明举行。对推进生态文明与绿色发展研究起到了积极作用。

争当排头兵，还意味着要争先创优，创立生态“品牌”

成为全国首批“生态文明先行示范区建设地区”，对云南来说既是一份光荣，也是一份沉甸甸的责任，是争当生态文明建设排头兵，谱写绿色发展新篇章的具体行动。保护环境就是保护生产力，良好的生态环境，既是云南最宝贵的资源，也是云南最明显的优势和最靓丽的名片。

2013年7月至8月，“美丽云南绿色家园生态文明建设系列新闻发布会”陆续在昆明召开。云南各州（市）以各种方式尽力把自己最美丽的生态特色用不同的主题词高度概括，并展示给大众。一张张生态名牌五彩缤纷，给人以目不暇接之感，犹如云南多彩的风景。

昆明的主题词是：“美丽春城幸福昆明”，昆明市委、市政府将重点抓好滇池治理、低碳昆明建设、循环经济发展、生态安全屏障、饮水安全保障、大气污染防治、城乡环境综合整治、生态文化培育等十大工程，全面提升昆明生态文明建设的质量和水平。

然后是幸福玉溪、和谐楚雄、活力曲靖、奋进昭通、梦想红河、宜居大理、好梦丽江、神奇西双版纳、和谐迪庆、温润保山、生态怒江、神奇文山、魅力德宏、妙曼普洱、绿色临沧……

从这些简明的主题词中可以看出，它们既是一个地方的生态特色，同时也是一张张多姿多彩的生态名牌，共同构成了七彩云南生态建设的独特魅力。每一张名片后面，都是一个州（市）党委、州（市）政府和各级各部门的努力和奉献。

这些品牌所概括的每一个主题词后面都有具体的目标和措施，体现出各地州党政领导抓好生态文明建设，创立生态品牌的决心和信心。云南是一块立体多元的土地，每个州（市）的生态各有特色，但总体目标却是一致的："像珍惜生命一样珍惜云南的良好生态，像保护眼睛一样保护云南的优美环境。"这已经是云南人的共识和共同追求。

简要概括几个州（市）党政领导在新闻发布会上的讲话，就可以从中具体窥见云南各地的特色和正在进行的生态创建工程：

比如离昆明最近的玉溪，它的气候非常温润，因为全市的森林覆盖率达到了54.2%，还有国家级自然保护区2个，国家森林公园2个，国家一级保护动物19种，国家一级保护植物7种，生物多样性非常完备。让玉溪的天更蓝、水更清、山更绿，市民生活得更加幸福，是玉溪生态文明建设的努力方向和目标。幸福玉溪，指日可待。

被称为"世界恐龙之乡"的楚雄，还有东方人类故乡、中国彝族文化大观园等美称，彰显出它与众不同的特色。楚雄州坚持"生态立州"，坚持环境优先、节约优先、保护优先，走可持续发展的路子，以建设天蓝、地绿、山青、水净的美丽、幸福、和谐楚雄为目标，以烟草、天然药业、绿色食品为三大产业。走和谐发展之路，将使彝州腾飞。

地处珠江源头的曲靖，是云南第二大经济体、云南重要的工业城市和全国113个环境保护重点城市之一，为云南的经济社会发展做出了重要贡献。“美丽云南，活力曲靖”，彰显了曲靖的特色和魅力。为珠江源头披绿装，让南盘江水漾碧波，将是曲靖不懈的努力方向和追求。明确的目标和理想，将使曲靖充满活力，奋力飞向新的高度。

昭通地处滇东北，特殊的地理位置使它拥有山高坡陡、沟壑纵横的地形地貌，频发的自然灾害使昭通的生态建设面临诸多困难。但昭通在生态文明建设上却以努力拼搏的信心，树立了要建设好“三个昭通”的理想，它们分别是：山水昭通、森林昭通、清洁昭通。这样的定位体现了昭通不甘落后的奋进精神，“奋进昭通”的概括表现了昭通在生态文明建设中的科学态度。

对一个旅游者来说，丽江的美丽景色和浓郁诗意使其成为适合做梦的地方。丽江生态文明理念历史悠久、源远流长。它不但有优美的自然风光和优良的生态环境，还有悠久灿烂的民族文化。它还奢侈地同时拥有三项世界文化遗产：丽江古城，世界自然遗产；三江并流，世界记忆遗产；还有古老的纳西东巴古籍文献。所以，称丽江是中国西南的一块瑰宝，它是当之无愧的。“好梦丽江”的概括，形象而准确地突出了丽江的特色。丽江的党政领导希望通过实施六大工程治理，继续提升丽江生态文明建设的成效。

迪庆是云南的藏区，提起它就会让人想起耸立高原的雪山峡谷、蓝天白云、鲜花盛开的原野，还有藏族人家高高的青稞架……迪庆的目标是着力构建各族人民共有的“绿色家园、精神家园、小康家园、幸福家园”。“和谐”构成了香格里拉的人文精神，也是全州各族群众和谐相处、共同发展的重要理念。“香格里拉”已经是一个国际性的知名文化品牌，它意味着人与人和谐共生，人与自然和谐共处，人的内心与外部和谐共鸣，也代表着迪庆的理想和未来。

“生态怒江”，提醒着我们怒江生态区位的重要性。在这条蜿蜒数百千米的大峡谷里，生物种类丰富多样，战略地位特殊。所以，着力推进“森林云南”建设，对于维护云南，乃至国家的生态安全和生物多样性具有十分重要的现实意义。怒江的发展理念是“既要金山银山也要绿水青山”，怒江把生态建设提升到立州之本的高度，坚持“生态立州”，走出一条“生态建设产业化，产业发展生态化”的特色产业发展之路，怒江的未来会更美好。

“绿色临沧”，让人想起一片被绿色覆盖的土地。临沧确实是一片神奇而美丽的土地，许多命名可以从不同侧面体现出它的优势和特色，比如“世界佤乡”“茶城”“绿城”“恒温之城”“边城”“水电基地”等等。树立起“世界佤乡天下茶仓”的发展定位，就可以打响“边地风光　大美临沧”的旅游品牌，把旅游业打造成临沧的新兴支柱产业。而旅游业的兴起，和良好的生态环境又是紧密相连的。临沧的前景充满希望。

还有梦想红河、宜居大理、神奇西双版纳、温润保山、魅力德宏……

总之，为了争当全国生态文明建设排头兵，云南各州（市）都在努力争优创新，树立云南的生态品牌。每一个品牌合起来，就可以构成七彩云南最斑斓、神奇的生态景观。在2015年的全国“两会”上，来自云南的陈豪代表在发言中表示：“天朗气清，山清水秀，这样一种良好的生态，既是云南响亮的品牌，也是云南宝贵的财富，我们会格外珍惜。”

他的话，代表了四千万云南人民的心声。

2017年3月，云南省政府发布通知，决定命名西双版纳州为第一批“云南省生态文明州（市）”，昆明市五华区等13个县（市、区）为第二批“云南省生态文明县（市、区）”，昆明市寻甸县金源乡等185个乡镇、街道为第十批“云南省生态文明乡（镇）街道”。

这又是一次创立生态品牌的行动。

西双版纳州有幸成为全省第一家也是唯一一家“云南生态文明州（市）”，引起全省的瞩目。他们提出的口号是“唱响绿色旋律，展现柔情傣乡”。

云南有丰富的自然资源、立体多元的景观。在生态文明建设的道路上，云南的特色和优势正在得到有力凸显，正在为中国的生态文明建设做出贡献。

四、规范立法，生态建设有保障

近年来，习近平总书记关于生态问题有许多精辟的论述，为中国的生态文明建设指明了方向。其中关于生态制度的建立和生态的立法，他就曾经指出：“保护生态环境必须依靠制度、依靠法治。只有实行最严格的制度、最严密的法治，才能为生态文明建设提供可靠保障。”他还说：“我们一定要以对人民群众、对子孙后代高度负责的态度和责任，加大力度，攻坚克难，全面推进，努力建设美丽中国，努力走向社会主义生态文明新时代。”[3]

云南历来重视环境保护工作，确立了“生态立省，环境优先”的发展战略。事实证明，生态环境的建设必须依靠法制。所以，必须有各种生态法规、条例的建立健全和实施，才能使云南的生态文明建设做到有法可依。1992年，云南就出台了《云南环境保护条例》。结合云南实际，对保护和改善生态环境、合理利用各种自然资源等问题进行了规范。它涉及的领域比较广泛，比如大气、水、湖泊、土地、矿藏、森林、草原、野生动物、自然遗迹、人文遗迹、自然保护区、风景名胜、城市和乡村等等。

但是具体到某一行业，还需要更细致的法规去进行规约。

比如关于“森林云南”的建设，就需要健全的制度和相关法规作为保障。

早在2002年，云南省就出台了《云南省森林条例》，经云南省第九届人民代表大会常务委员会第三十一次会议通过，云南省人民代表大会常务委员会公告第71号公布，于2003年2月1日起实施。

它制定的目的，就是为了根据云南的实际，保护、培育和合理利用森林资源，促进林业发展，改善生态环境。所以，“在本省行政区域内从事森林资源的保护、培育、经营管理、科学研究和开发利用等活动，应当遵守本条例”。

2010年10月1日起，《云南省林地管理条例》正式实施，对“森林云南”的建设起了推进作用。因为该条例着重从加强林地保护和管理、科学合理利用林地资源等方面做出了详细规定，具有较强的针对性和可操作性。

各州（市）也充分利用各自的优势和特点，制定地方性的森林法规。

西双版纳州在提出并坚定实施“生态立州”发展战略的同时，充分利用《中华人民共和国民族区域自治法》赋予民族自治地方的立法权，结合当地生态保护工作的实际需要，积极开展民族自治地方的立法工作。结合国家、省现行林业法律法规、方针政策和生态文明建设的实际需要，开展了地方林业立法工作，比如：

2011年5月颁布实施了《云南省西双版纳傣族自治州古茶树保护条例》。

2014年8月颁布并实施了新修订的《云南省西双版纳傣族自治州澜沧江保护条例》；组织开展了《云南省西双版纳傣族自治州森林资源保护条例》的修订工作，并于2015年8月10日由州政府法制办组织召开了《云南省西双版纳傣族自治州森林资源保护条例》（修订）听证会。

根据《中华人民共和国野生动物保护法》《中华人民共和国陆生野生动物保护实施条例》等法律、法规，结合云南本省实际，1996年11月制定出台了《云南省陆生野生动物保护条例》，目的就是为了保护、发展和合理利用野生动物资源，维护生态平衡。

云南有“野生动物王国”的美称，但是在现实生活中，野生动物也会遭到不法分子的倒卖，甚至捕杀。

2017年5月，西双版纳州森林公安局勐腊派出所通过缜密侦查，成功破获了一起在保护区内猎捕、杀害珍贵、濒危野生动物重大案件，抓获犯罪嫌疑人4名，收缴作案枪支4支，端掉了一个在保护区持枪狩猎的犯罪团伙。岩某某等4人近半年时间在国家级自然保护区内先后5

次结伙持枪进山狩猎，猎杀猕猴、黑熊、白鹇等国家二级重点保护野生动物6只，以及果子狸、帚尾豪猪等野生动物9只，并将猎获的野生动物分食。

运用法律法规保护野生动物，是人类的一大进步。它体现了人类对自然的尊重、对生态平衡的维护。为此，云南省人民政府还专门公布了《云南省珍稀保护动物名录》。滇金丝猴、亚洲象、长臂猿、小熊猫、绿孔雀、犀鸟等名列其中。

关于水生态建设，云南也出台了一些相关的法规、条例。

根据国务院《水污染防治行动计划》，结合云南省实际，于2015年制定了《云南省水污染防治工作方案》，目的就是为建设美丽云南，推进云南成为生态文明建设排头兵，提供良好的水环境保障。提出了切实维护好洱海、抚仙湖、泸沽湖等水质优良湖库和长江、珠江、澜沧江、红河、怒江、伊洛瓦底江六大水系优良水体的水生态环境质量的目标任务，用健全的法规为云南的水生态建设保驾护航。

在2002年以前，云南省已经实现滇池、抚仙湖、泸沽湖等九大高原湖泊“一湖一条例”，为水资源保护立法打下了坚实基础，有效保护了全省的水资源。

十八大以来，云南省委、省政府积极贯彻落实党中央、国务院关于生态文明建设和环境保护的决策部署，牢记习近平总书记“一定要像保护眼睛一样保护生态环境”的嘱托，持续加大组织领导和推进力度，生态建设和环境保护取得积极进展。在全国较早制定实施生物多样性保护行动计划，率先开展《生物多样性保护条例》立法。

2016年9月，云南省人民政府法制办公室公布了《云南省生物多样性保护条例（草案）》公开征求意见的公告，将省环境保护厅起草的《云南省生物多样性保护条例（草案）》（送审稿）上网公布，广泛听取社会各界的意见。

这个条例是根据《中华人民共和国环境保护法》及其他有关法律、法规，结合本省实际制定的。目的就是为了加强云南生物多样性保护，促进生物多样性资源持续利用，维护和建设我国重要的生物多样性宝库和西南生态安全屏障。

云南是中国生物多样性最丰富和独特的地区，拥有全国95%以上的生态系统类型和50%以上的动植物种类及67.5%的珍稀物种资源。被誉为“生物基因宝库”。为生物多样性立法，是促进保护的重要条件。

为了让香格里拉的山更绿、水更清、天更蓝，迪庆藏族自治州也先后出台了《云南省迪庆藏族自治州白马雪山国家级自然保护区管理条例》《云南省迪庆藏族自治州草原管理条例》《云南省迪庆藏族自治州香格里拉普达措国家公园保护管理条例》等法律法规，对境内的自然资源进行保护。

……

云南生态建设的法规、条例远远不止这些。

据统计，到2016年为止，云南省累计出台涉及环境资源保护法规142件，对加强全省环境资源保护、促进经济社会协调发展发挥了十分重要的作用。一系列法规和条例的出台和施行，使云南省环境资源保护有了更强力的法律支撑。

规范立法，生态文明建设才有保障。

注释：

[1]《昆明空气质量达标率98.9%　全国排名第九》，载《云南信息报》2017年6月2日。

[2]引自张祖林副省长2017年8月15日在“全省森林资源保护与林产业发展助力脱贫攻坚工作会议”上的讲话。材料由云南省林业厅提供。

[3]引自习近平总书记2013年5月24日在中央政治局第六次集体学习时的讲话。

第二章　大美云南，绿色先行

在生态文明建设的道路上，绿色是不可缺少的色彩。走一条绿色环保之路，建设美好幸福的家园，一直是云南不懈努力和追求的目标。既要发展好经济，还要注重环境保护和生态建设，堪称绿色发展的典范省份。

一、云岭长歌绿色路

来过云南的人，都会对云南的生态环境留下深刻印象。

天蓝、水清，空气清爽，是云南的基本常态。绿色，是云南随处可见的主要色彩。它代表大地上覆盖着茂密的森林，各种植物丰富多样；它代表着这是一片四季如春的土地，充满理想和希望。

在生态文明建设的道路上，绿色更是不可缺少的色彩。走一条绿色环保之路，建设美好幸福的家园，一直是云南不懈努力和追求的目标。既要发展好经济，还要注重环境保护和生态建设，堪称绿色发展的典范省份。

2014年是国家启动“退耕还林生态补偿”政策十五周年，中央人民广播电台和国家林业局曾经联合组成《绿色中国行动》报道组，深入16个（区、市）调查山区生态环境现状。考察组来到了云南的昆明、思茅、澜沧、景洪等地，一路行来，对云南的秀山丽水、多姿多彩的民族风情赞不绝口，印象非常深刻。

在昆明举办的“绿色中国”云南行座谈会上，“生态大省”云南的绿色发展之路受到环保专家们的一致盛赞，他们给了云南很高的评价。一致认为在注重环境保护和生态建设方面，云南堪称绿色发展的典范省份。

这是对云南绿色发展的充分肯定。

在推动经济和社会发展的进程中，绿色环保已经成为全世界永恒的主题。人与自然的和谐已经成为发展的首要追求。作为“生态大省”的云南不会落在时代的后面。经过长期的努力奋斗，云南探索出了一条以绿色产业带动生态产业发展，以生态建设促进脱贫攻坚的绿色发展之路。

云南的绿，如同大自然的泼墨，浓墨重彩，名不虚传。

云南的绿，是大自然的慷慨馈赠，更是云南各族人民共同努力创造的丰硕成果。从“生态立省”战略的确立，到“七彩云南保护行动”等许多具体的措施和行动，云南一直在为建设好绿色的家园而努力奋斗着。

对地处中国西南边疆的云南省来说，走一条绿色发展之路，与其说是一种选择，不如说是一种必然。

云南地处“一带一路”的重要位置，在时代的发展潮流中将利用自身的区位优势，推进与周边国家的国际运输通道建设，打造大湄公河次区域经济合作新高地，建设成面向南亚、东南亚的辐射中心。绿色发展，代表着云南不可取代的自然优势，也代表着云南对世界的责任和义务。云南的青山绿水，象征着民族团结进步、边疆繁荣稳定的大好局面。

“一带一路”建设，绿字当先。

绿色，不仅仅是森林的覆盖，还要构建一个生物多样性宝库，为人类保存珍贵的物种。云南省各分类类群物种数均接近或超过全国的一半，中国其他各省在开展省域生物多样性评价时，都是以云南作为评价的参照标准进行评定。这是云南的骄傲。所以，建设一个美丽、生态的云南，是四千万云南人追求的理想。它不但可以为我们提供一个健康文明的生存环境，还可以为人类保留一个生物多样性的巨大宝库。它将是各种野生动物、植物的家园，为世界性的生物多样性保护做出应有的贡献。

从2008年的《丽江宣言》到2010年的《腾冲纲领》，再到2012年的《西双版纳约定》，见证着云南生物多样性保护走过的发展历程。从起步到不断成熟，再到不断进步，云南正朝着“成为世界生物多样性保护最好的地区”这一目标努力着。

云南的森林是动物、植物生存的天堂。

这里有国家一级保护动物46种，二级保护动物154种；一级保护鸟类17种，二级保护鸟类116种。如果你来到迪庆藏族自治州德钦和维西县境内的白马雪山国家级自然保护区，会看到滇池金丝猴在自己的幸福家园里快乐地奔走跳跃。滇金丝猴是中国特有的一级珍稀濒危保护动物，与大熊猫一样被称为“国宝”。这里是中国面积最大的滇金丝猴国家级自然保护区，它的数量约占世界种群数量的70%。如果幸运，你还可以见到云豹、小熊猫的身影在森林中自由出没，各种珍稀的鸟儿在树梢快乐地飞翔。

云南丰富多姿的植物，也为绿色增添了内涵。

不夸张地说，云南几乎集中了从热带、亚热带至温带，甚至寒带的所有品种。其中有许多是云南独有的种类，比如云南樟、四数木、云南肉豆蔻、望天树、龙血树、铁力木等等。云南还是中草药的宝库，全省生长着两千多种中草药，有些种类也是云南独有，可以供中医配方和制造中成药，名声在外的比如三七、天麻、云木香、云黄连、云茯苓、虫草等等。

绿色，为云南赢得了种种美称。“动物王国”“植物王国”的美誉名不虚传。

当你为云南的青山绿水而感叹，由衷地发出赞美之时，还应该认识到一点，云南的绿色之路，也是一条努力拼搏之路。它凝聚着许多人的汗水和心血。森林需要人类的保护，才能茂盛地生长。绿色，需要人类的努力调色，才能在大地上铺展出一幅美丽的图景。

从云南省林业厅了解到，早在1998年，云南就开始实施“天保工程”。在全省16个州（市）中的13个州（市）、69个县、17个国有重点森工企业中全面停止天然林的采伐。云南的护林原则是：“停止采伐、调减产量，加强管护、积极营造。”很好地解决了森林建设中保护和开发的问题，为绿满云南做出了贡献。

事实证明，只要人类付出爱心，大自然就能还你一片绿色。通过多年的努力奋斗，全省森林面积和蓄积量实现了“双增长”，森林资源数量增加、质量得到提高。云南进入了全国森林覆盖率最高的十个省份之列。

云南的绿色生态，还对国家安全、社会进步有着特殊的意义。

以绿水青山筑一道“西南屏障”，是云南义不容易辞的责任和义务，也是历史赋予云南的使命。从生态文明建设的角度看，云南区位关键，森林生态功能突出。它不但需要发展建设好自己的森林，还肩负着为国家守好西南门户的重任。“十二五”以来，云南省坚持绿色发展理念，深入实施“生态立省”战略，“绿水青山就是金山银山”已经成为全省上下的共识。

近年来云南实施的“绿水青山”计划，目的就是要筑一道西南绿色屏障，创兴林富民大业，扬七彩云南文化，努力把云南建设成为生态系统完备、林业产业发达、森林文化繁荣、人与自然更加和谐的“森林云南”。

走绿色发展之路，是时代发展的趋势，也是云南省情的必由之路。拥有大片青山绿水，是大自然的慷慨赐予，还需要人类施以关心保护，才会让绿色永远与我们同在，为我们的美丽中国梦增添希望和诗意。

让云南拥有大片的绿水青山，大地被绿色所覆盖，社会拥有和谐文明的生态环境，人民的家园更加诗意，生活更加幸福美好。这是社会主义科学发展观理念制约下的理想和追求，它符合时代发展的潮流，体现着中国政府建设好国家的愿望与措施，更体现了对全人类高度负责的精神。

绿色，永远是红土高原最美丽的生命原色。

二、“森林云南”千秋功

“森林云南”，一个大气而充满诗意的口号。

在云南的生态文明建设中有一个重要的成果，就是对森林的重视和保护。云南省委提倡、实施的“绿水青山”计划，目的就是为了建设起一道雄伟的西南绿色屏障，让云南的生态系统更加完善，林业产业更加发达，从而使森林文化繁荣昌盛，人与自然更加和谐。“森林云南”这个概念的提出，既是目标，也是理想，它将为把云南省构建为生物多样性宝库和西南生态安全屏障，打下坚实的基础。

为了实现“森林云南”这个远大的生态理想，云南省单是2011年一年，全省就投入建设资金达44.8亿元，2012年达到近48亿元。

所有的一切努力，都是为了让云南“天更蓝、地更绿、水更清，人与自然更和谐”，让我们的家园更美好。生态文明建设，离不开对森林的保护。森林对人类到底有多么重要？先来听听不同行业的人的概括和总结：

经济学家会说“森林是绿色的银行”，它可以给人类带来经济效益；医学家会说“森林是绿色的疗养院”，它可以为人类提供高浓度的负氧离子和清新的空气；人类学家会说“森林是人类的摇篮”，它为人类的成长提供了广阔天地；艺术家会说“森林是大自然的怀抱”，它赐给我们生态和人文之美；诗人会说“森林是大地的胸怀”，它赐给我们诗意和浪漫的情怀……

如果没有森林，我们的生活将会出现怎样的情况？

没有森林的呵护，就会有漫天风沙扑面，有泥石流滚滚而来，没有清洁的水，没有土地，没有动物，没有生态……人类将无法在地球上继续生存下去。

人类和森林的关系就是如此紧密而不可分割。在人类的远古时期，大地被森林覆盖，动物、植物在森林中自由地繁衍生息，那是一幅多么让人神往的诗意景象！后来，随着人类社会的发展进步，特别是工业化时代的到来，商品经济对人心的冲击，人类加快了向大自然索取的脚步。在经济利益的驱使下，森林开始遭到砍伐和破坏，发展与保护的矛盾一再凸显出来，考验着人类的智慧。人类对大自然的无度索取、肆意砍伐，曾经使青山变成荒山秃岭，让人心疼和无奈。森林和植被被破坏，生态平衡出现严重偏差，所带来的恶果也逐步显现出来：风沙肆虐、泥石流横行、土地荒漠化、洪水泛滥……它们是大自然对人类的惩罚与警示。

很多人可能还记得，1998年那场特大洪灾给中国带来的影响。洪水能在大地上如巨龙一般任性肆虐，给人类带来灾难和痛苦，这和长期以来森林的乱砍滥伐有密切关系。失去森林庇护的大地，在滚滚洪水的冲击下将毫无抵抗力量，最后随波逐流，化成危害人类的孽龙。

教训是惨痛的。痛定思痛之后中国政府开始反思，制定新的决策。党中央、国务院从洪灾中吸取教训，从中国可持续发展的战略高度，制定了实施天然林资源保护的伟大工程。在基层采访中，我第一次听到了关于森林的“天保工程”，乍一听这个概念有些陌生，但深入进去却大有文章可作。原来所谓“天保工程”指的是1998年中国政府提出的实施天然林资源保护工程，简称为“天保工程”。这是一项利及后代、功在千秋的宏大工程。

或者换个通俗的说法，就是全面采取停、封、造、育等措施，让天然林得以休养生息。这也是生态保护和发展关系的正确体现。人类不能向大自然无休止地索取，破坏它的规律，影响它的生存。人和自然，需要建立起一种新的科学而又和谐的关系，才能实现双赢共进。即使是云南这样有着丰富自然资源的地区也不例外。人类总是要在经历了曲折之后，才会认真总结经验和教训。有再多的森林，也经不起无度的砍伐。起伏的红土高原上散布着片片森林，它们是大地的赐予，是大自然对人类的眷顾，也是人类物质和精神的依托，支撑着我们的昨天、今天与明天。青山含情春常在，一个满目苍翠的世界，将是人类最好的家园。

为此，身负重任的云南省林业厅提出的口号就是："持之以恒地抓好森林云南建设，通过不懈努力，使云南的天更蓝、地更绿、水更清，空气更洁净，人与自然更和谐，为推进云南科学发展、和谐发展、跨越发展，加快建设我国面向西南开放重要桥头堡做出新的贡献！"[1]

"天保工程"开始了。工程建设期为2000年到2010年，云南也在首批工程之列。"天保工程"拉开帷幕，云南立即宣布一期实施范围包括金沙江流域和西双版纳州境内，全省13个州（市）、69个县、17个国有重点森工企业全面停止天然林采伐。

这项工程的实施虽然利在千秋，但是刚刚实施的时候还是遇到了许多阻力。那些依靠砍伐森林获利的人觉得断了"财路"，一些地区老百姓日常生活所需的柴火也突然没了来路。于是怨声四起，各种不理解直接指向林业部门。

宣传，教育，苦口婆心地劝说，是许多基层干部的日常工作内容之一。采访中一位基层环保局的干部曾经对我说过一番话：没有办法，虽然法律法规是固定的，但人心是活的。老百姓对政策的理解，需要我们做大量的工作，从观念上去进行引导。你想想，他延续了几百年的观念就是"靠山吃山"，天经地义。现在突然说不让他随意去砍伐了，你得给他指出生活的目标和方向，让他有新的谋生手段啊！

为了创造一个美好的"森林云南"，有许多人在辛劳着！

对老百姓来说，不仅仅是命令他停止砍伐那么简单。林业部门还需要有一系列的保护政策和措施。围绕"停止采伐、调减产量，加强管护、积极营造"的总体要求，全面采取停、封、造、育，让天然林得以休养生息。森林在人类无休止的砍伐利用下，已经处于危险的境地。保护是为了让森林得到休养生息后，更好地成长。所以“天保工程”在停止砍伐之后，还有一系列的措施和工作要做，比如森林资源的管护，生态公益林的建设，还有森工企业职工的去向、安排……

从表面看，这项工程似乎是人类向大自然的妥协。从长远看，这却是一项利国利民的千秋大计，是科学发展观在森林问题上的体现。目的就是让森林得到休养生息，生长得更加茂盛。让森林为大地披上绿装，为人类带来千秋福祉，谱写好一曲科学文明的生态之歌。

事实胜于雄辩，时间是最好的见证者。

经过全省上下十多年的努力之后，“天保工程”的成效开始体现出来，而且结果让人非常惊喜。在这里或许用数据更能说明问题，从云南省林业厅2011年公布的一组数据可以看到，在1998年到2011年的13年中，“天保工程”给云南林业带来的收获是如此明显：

全省天保工程区有林地面积由0.11亿公顷上升到0.12亿公顷，森林蓄积量由8.89亿立方米增加到11.08亿立方米，森林覆盖率由59.25%增加到64.69%，实现了森林面积和蓄积量的快速增长；生态环境明显好转，生态保障功能逐步增强。以金沙江流域为例，据全省土壤侵蚀遥感调查，工程实施前该流域水土流失面积达4.7万平方千米，占流域面积的42.56%，工程实施以来，共治理水土流失面积1.26万平方千米，年均减少土壤侵蚀量1630万吨，每年减少进入河流的泥沙量980万吨。[2]

2017年2月9日，云南省林业厅对外发布《云南省第四次森林资源调查主要数据公报》，郑重宣布：云南的森林覆盖率已经达到59.30%。

这是一个让人惊喜的数据，它意味着在红土高原的土地上，拥有大片茂密的森林不再是梦想，而是真实的现实情景。从滇池之畔的西山之巅到滇南红河流域的起伏山脉，从普洱的无量山到西双版纳的原始森林，从北部的轿子雪山到滇西北的玉龙雪山，无边无垠的森林一路铺展出动人的风采，像一支浪漫的交响曲，回响在云南的天空下。

有对比才有说服力。和2009年的调查数据相比，仅仅8年之间全省的森林面积就增加了117万公顷，森林覆盖率提高了3.06个百分点。人工林面积由438万公顷增加到526万公顷，增长20.1%，人工林资源显著增加……

中国政府实施的“天保计划”，经过全省各州（市）林业部门和各行各业的共同努力，开出了艳丽的花朵，结出了丰硕的果实。

事实证明，我们当得起“森林云南”这个美丽的称号。

对老百姓来说数据或许是比较枯燥的，我的具体感受是这些年来随着森林面积的增加，云南的生态环境得到很大改善，空气更清新，环境更健康，节假日出门旅游的去处更多、更生态。对孩子们来说，大片的森林，还是可以孕育童话和梦想的地方。那里面住着人类的动物朋友，那里有童年的理想和追求。那里，是一个巨大的造梦之所。每年到了雨季，楚雄的朋友都会发出邀请：“有时间下来玩，我们带你到森林里捡菌去，体验下童话世界的生活！”

有了森林，才会有美味的菌类生长。提着竹篮到森林里捡菌，也是云南人不可缺少的诗意生活方式之一。

森林是我们的家园，是我们寄托梦想的理想之境。

建设一个美丽、生态的森林云南，是四千万云南人追求的理想。

它不但可以为我们提供一个健康文明的生存环境，还可以为人类保留一个生物多样性的巨大宝库。它将是各种野生动物、植物的家园，为世界性的生物多样性保护做出应有的贡献。森林云南，是美丽中国梦的具体实现。

保护和建设好森林，就是为人类营造一个充满诗意的环境，让我们为建设自己的美丽家园而努力吧。

三、“春城花都”绿意浓

建设一个美丽的世界“春城花都”，是昆明新的生态追求。

作为云南的省会城市，一座有着深远影响的历史文化名城，昆明在生态文明建设中有着重要的龙头地位。它对全省生态文明的建设和推进，具备引导性、示范性和榜样性。所以昆明一直都在为生态的改变而努力奋斗着。

2013年9月24日，以“城市森林·生态文明·美丽中国”为主题的2013年中国城市森林建设座谈会在南京召开。昆明等17个城市被全国绿化委员会、国家林业局授予“国家森林城市”称号。

昆明是云南省首个获得“国家森林城市”荣誉称号的城市。成绩的后面，是辛勤的努力。早在2008年，昆明市就全面启动了实施城市规划区绿地系统建设和市域生态环境系统建设，全面推进“森林昆明”建设和国家森林城市创建工程。“创森”成了昆明生态建设的目标和方向之一，历经5年扎实有效的工作，各级财政累计投入资金27.3亿元，引导社会资金注入131.4亿元，一大批林业生态重点工程得到实施。经过各级各部门的共同努力，终于有了可喜的成果。

现在的昆明，全市森林布局得到优化，生态环境明显改善。一个昆明人出门不用走多远，就可以见到绿树的身影，给人林在城中的感觉。可以体会到被绿色环抱、林与城相融的快乐。很多新建的小区，环境的绿化程度和文化品位紧紧相连，绿化率是消费者购房时必然会考虑的因素之一。

一个自然和谐的美丽新昆明，已经初显雏形。

目前，全市森林覆盖率呈现逐年增长的趋势，林木绿化率、城区绿化覆盖率、人均公园绿地面积、城市道路绿化覆盖率等项指标都在不断增长。昆明市先后荣获“国家园林城市”“国家卫生城市”“全国绿化模范城市”“中国优秀旅游城市”“联合国宜居生态城市”“中国最佳休闲宜居绿色生态城市”等荣誉称号。

每一项荣誉的后面，一定有众多人的努力奋斗。

为了更好地指导义务植树活动，昆明市曾经制定了《省市联动开展“绿化昆明、共建春城”义务植树活动工作方案》。要求在2015年至2017年的两年中，昆明义务植树活动绿化植树面积要达到3689.33公顷，它涉及城市公共绿地建设、滇池面山、主要交通道路沿线、入滇河道沿岸植树四个方面。

昆明园林部门有一个关于植树的数据统计，看了让人非常感慨：“20年来，全市有3694万人次累计义务植树2.78亿株，成活率约85%。”它说明城市的绿化是一项任重道远的工程，也是一项功德无量的工程。当我们行走在昆明街头的绿荫下，享受着阵阵清凉的同时，不应该忘记那些为昆明绿化默默奉献的人们。

我们生活的这个时代，生态文明正在成为一种自觉的行动。从中央领导到普通市民，建设绿色家园都是义不容辞的责任和义务。

2015年4月3日上午，习近平总书记来到北京市朝阳区孙河乡参加首都义务植树活动时专门强调："植树造林是实现天蓝、地绿、水净的重要途径，是最普惠的民生工程。要坚持全国动员、全民动手植树造林，努力把建设美丽中国化为人民自觉行动。"

云南各级领导对绿化的重视，有力推进了昆明绿色之路的进程。

2016年云南省委、省政府发出号召，在全省开展全民义务植树活动，为绿化云南奉献力量。还举行"省市联动·绿化昆明·共建春城"等项活动，对省会昆明的绿化工作提出了意见和要求。

省委办公厅带头响应省委、省政府号召，认真落实活动各项要求，与相关部门签订了《责任书》《共建方式确认书》《资金到位承诺书》，并投入350万元，承担了6.67公顷荒山的植树任务，为绿化昆明、美化春城做出了贡献。同年5月17日，省委办公厅还组织机关干部职工到呈贡区白龙潭开展义务植树活动，在6片坡地上种下了600棵树苗。

2017年5月15日上午，云南省委书记、省人大常委会主任陈豪，省委副书记、省长阮成发，省委副书记李秀领，省政协主席罗正富等党政军领导来到昆明市五华区石盆寺参加义务植树活动。这里一度因为过度采石，造成植被破坏、水土流失、生态环境恶化。近年来通过省、市、区联动造林绿化，正逐渐恢复生机。云南各级领导的参与，其实是为昆明的绿色做出表率，为打造一座昆明的郊野森林公园带了个好头。他们参与栽种了300多株桂花、香樟、红豆杉、云南樱花等植物。等到来年春天，这里将会是一片姹紫嫣红的美丽景象。

当天陈豪书记还提出要求：各级领导干部要身体力行，认真学习贯彻习近平总书记在参加首都义务植树活动时的重要讲话精神，始终坚持生态优先、绿色发展，统筹好生态环保与开发建设，落实好义务植树的有关规定，充分发挥全民绿化的制度优势，加大人工造林力度，提升城市绿化品质，进一步擦亮“春城”名片，让人民群众共享生态文明建设成果。

擦亮“春城”的名片，这是每一个云南人的责任和义务。

上下联动，共同努力，一方面要保持昆明“国家森林城市”的荣誉，为它增光添彩；另一方面，新的形势下还要有新的目标和方向。

回顾一下进入新世纪以来的昆明绿色生态建设，有许多值得骄傲的成绩。在党中央关于生态文明建设方针的指引下，在云南省“生态立省”战略决策的倡导下，作为省会城市的昆明，主动担当了探索绿色发展新模式、争当建设七彩云南排头兵的重任。生态建设的力度大大加强，取得了令人瞩目的成就。

对许多普通市民来说，一个城市的绿化就是看得见的风景。推开窗可以呼吸到清新的空气，周末可以去公园享受片片绿色。而对一个城市的决策者来说，生态文明建设是由许多具体的规划、项目、行动、措施组成。

为了让昆明的生态文明建设做出成就、形成特色，很多人都在思考、在努力。

2008年，昆明提出城乡园林绿化及生态建设思路；相关部门开始在滇池湖滨带开展“退塘还湿、退田还林”行动，开展湖滨生态带建设。至今，共建成包括环湖湿地、湖滨林在内的环湖生态带1451.87公顷。

2009年，昆明提出创建城市森林的目标；2012年，正式提出创建“国家森林城市”，并获得了国家林业局的创森批复。通过努力，2013年实现了创建国家森林城市的目标，2015年，全市森林覆盖率将达47%以上。

回看“十二五”期间，昆明一直在按照城市园林化、城郊森林化、市域全绿化、国土生态化的要求，全面推进市域森林体系建设。比如其中的西山区，如今已经形成了“半城山水半城湖、半城春色半城梦”的山水园林新城区。在新的思想理念指导下，人居生态环境建设被提到了生态文明建设的高度来认识。比如城市的绿地面积，就在悄然增加。市民步行5分钟或500米，就能到达一块绿地公园，实现了市民享受公共绿地资源的公平性与可达性。

如果用数据来说话，那么“十二五”期间，昆明主城建成区累计新增绿地5386公顷，城市绿地率达到38.2%，完成营造林31.67万公顷，森林覆盖率达到50%，成功创建为国家园林城市、国家森林城市。

随便问一个生活在昆明的市民，无论“老昆明”，还是“新昆明”，他都会注意到昆明的绿色年年在增加。春天可以在枝头见到小鸟的身影，夏天可以在绿荫下面躲阴凉，已经不是梦想，而是昆明真实的现实。

对普通市民来说，城市绿化是蓝天白云下诗意的风景。对政府部门来说，城市绿化涉及方方面面具体的工作，是许多人努力奋斗的目标。

一个目标完成了，另一个新的目标又会出现。

现在昆明基本建成了生态宜居的国家森林城市，但还希望能成为人均绿地面积和城市生态环境位于全国前列的省会城市，基本实现城镇园林化、荒山森林化、道路林荫化、农田林网化、河流生态景观化，形成良好的生态环境和完善的城市绿化系统。生态文明建设，是一个长远的大课题。

在2016年金秋十月召开的十八届五中全会，提出“五大发展理念”，将绿色发展作为“十三五”，乃至更长时期经济社会发展的一个重要理念，成为中国共产党关于生态文明建设、社会主义现代化建设规律性认识的最新成果。

那么，已经拉开帷幕的“十三五”期间，昆明的绿色生态又将有什么样的新变化？

从昆明市林业局得到消息，在“十三五”期间，昆明市的规划是：全市森林覆盖率将从2015年的50%，提高到2020年52%以上，林木绿化率60%；建成区绿化覆盖率保持在40%以上。要构建起“三屏”（三台山、拱王山、梁王山生态屏障）“两区”（滇池高原湖泊生态功能区、昆明东南喀斯特石漠化防治生态功能区）“一带”（金沙江干热河谷地带）生态安全屏障。

为了实现新的生态建设目标，昆明市的七区六县两市都在行动。

2016年全市掀起了一个“省市联动·绿化昆明·共建春城”的植树活动热潮，对城市的主要道路景观进行补绿复绿，美化提升公园的景观，添置花卉景观小品等等，为进一步提高森林覆盖率，扩大城市绿地空间尽了自己的一份努力。很多人在上班的路上偶一注目，突然发现昆明的绿色多了，街头更洁净了，心情也会变得更加舒畅。

梧桐引得凤凰来，2016年昆明还有一件喜事。7月4日，“2016年世界生态城市与屋顶绿化大会”在昆明召开。它以“创建新型海绵城市，圆美丽中国梦”为主题，对城市的生态文明建设进行广泛交流和探讨。昆明的“花之城”设计团队获得世界立体绿化设计金奖，爱琴海“天空农场”和“昆明碧鸡汽车文化博览园”获世界屋顶绿化项目示范大奖。

这三个项目的获奖，让人看到了新的环保理念在昆明的具体成果。

昆明碧鸡汽车文化博览园，是一个以园林绿化、汽车博览、高档名牌汽车销售、开放式休闲公园为主题修建的碧鸡博览公园。它拥有3000平方米屋顶花园，以创新理念运用雨水回收利用、生态环保绿色建筑、LED节能照明系统等绿色节能技术。大片的薰衣草和迷迭香在屋顶盛开，制造了令人震撼的效果。

这次大会，为昆明的城市绿化、生态环保打开了新的门窗，也为建设美丽昆明提供了更多角度和理念。相信随着时代的发展和生态文明建设的深入，昆明的天会更蓝、水会更清，绿色将成为昆明最美丽的色彩。

现在的昆明从行政区划上讲，一共有七区六县两市。在生态环境文明建设中，可以说是各有优势，但都在为昆明的生态建设探索新的路子。

比如东川区，有两千多年铜矿采冶史，长期的资源开采导致境内生态环境脆弱。经过努力，至2015年，东川区森林覆盖率从2005年的

20.77%，增加到31.09%。虽然在全省范围内这个比例并不算高，但是对东川的生态建设来说，已经是一个可喜的进步，是各行各业很多人共同努力奋斗的结果。

比如安宁市，5年来，共完成植树造林6000公顷，义务植树719万株，森林覆盖率提高到51.21%。集镇和村庄绿地率分别达到33.8%和31.2%，人均公共绿地面积15.1平方米，人均绿地面积高于全国平均水平。一个“生态、宜居”的城市已经成为美丽的现实。

再如有着“古滇文化发源地”之称的晋宁县，也是“世界四大磷都之一”，一直在生态文明建设的道路上努力奋进、探索进取。先后获得“2014最美中国旅游城市”“2016百佳深呼吸小城”“2016中国最美丽县城”的荣誉，连续两次获得“中国避暑休闲十佳县”荣誉称号。其森林覆盖率高达78.7%，在昆明市的县市（区）一路遥遥领先。它能从众多城市的竞争能中脱颖而出，被评为“国家卫生县城”“国家园林县城”“全国文明县城”和“省级生态文明县城”，正是体现出了它生态建设的深厚实力。

作为昆明市主城区之一的五华区，在昆明的生态文明建设中肩负有重要的责任。在推进生态修复工程，开展“省市联动·绿化昆明·共建春城”义务植树活动中，五华区推进石盆寺、老青山等“五采区”植被修复工作，封山育林740公顷，人工造林85.67公顷。种植乔木1.13万株，新增绿地34.32公顷，恢复“五采区”植被8.67公顷，辖区绿地率达42%，绿化覆盖率达46%，森林覆盖率达56.29%，人均公共绿化率达到12.5平方米。

2014年，在云南省政府命名的8个云南省生态文明县市（区）中，昆明西山、呈贡、石林、晋宁、宜良获首批省生态文明县称号。2017年，第二批“云南省生态文明县市区”名单中，昆明市五华区、盘龙区、官渡区、富民县、禄劝县再获殊荣。

昆明的绿色生态成果，是丰富而多元的。

多年来，它所走的是一条绿色奋进之路，付出艰辛的努力，收获丰硕的成果。一路走来，堪称佳绩连连，是云南生态文明建设的良好表率。

随着时代的发展，昆明的城市范围不断扩大，生态文明建设的理念也在不断发展更新。2017年，打造一个“世界春城花都”，又成为昆明的奋斗目标之一。多年来，昆明的花卉产业持续发展，鲜切花的产量已经19年高居全国第一位。那些鲜艳的五色花朵，将为昆明的绿色生态增添特殊的魅力。

昆明的绿色生态之路，将会越走越广阔。

注释：

[1]引用数据参见云南省林业厅网站的相关报道。特此致谢！

[2]引用数据参见云南省林业厅网站的相关报道。特此致谢！

第三章　行进在青山绿水间

在普洱和西双版纳的土地上，几乎看不到裸露的山体，无边无际的绿色像一块巨大的绿毯，覆盖在这片多情的土地上，营造出让人赏心悦目的效果。在绿色的氛围中，人会变得纯朴如初。如果我是诗人，一定要写一首赞美的诗；如果我是画家，一定会画一幅美丽的画。绿色，是这块土地的基本旋律，也是这块土地的财富和希望。

2017年7月，我开始了从昆明到普洱、西双版纳的采访和行走。

一路行来，满目皆是青山绿水，给人在绿色海洋里前行的感觉。上千里行程中沿途都被绿色覆盖着，人和车似乎是在一片绿色的海洋中前行。两旁的山林郁郁葱葱，起伏着动人的旋律。一片片茂盛的树木犹如一只只迎宾的手，向远方的客人挥动出热情与梦想。让人切身感受到云南发展绿色产业所取得的具体成果。

车子进入普洱境内后，高速公路两旁的森林、植被变得更加茂密和厚实。云南多山，一路都有起伏的山峦相伴。但是在普洱和西双版纳的土地上，几乎看不到裸露的山体，无边无际的绿色像一块巨大的绿毯，覆盖在这片多情的土地上，营造出让人赏心悦目的效果。

在绿色的氛围中，人会变得纯朴如初。如果我是诗人，一定要写一首赞美的诗；如果我是画家，一定会画一幅美丽的画。绿色，是这块土地的基本旋律，也是这块土地的财富和希望。

认真辨析会发现，普洱和西双版纳的绿，各有千秋。

一、行进在普洱绿色的海洋

2015年，普洱市获得“国家森林城市”荣誉称号。

“国家森林城市”是指城市生态系统以森林植被为主体，城市生态建设实现城乡一体化发展，各项建设指标达到规定要求并经国家林业主管部门批准授牌的城市。能获此殊荣，证明普洱的绿色之路不同凡响。

普洱市，位于云南省西南部，总面积45385平方千米，是云南省面积最大的州（市）。它的境内山脉纵横、森林绵延。一条北回归线从普洱境内横穿而过，对它的气候和生态都有明显影响。普洱市民族众多、风情迥异，文化多姿多彩。

从地理和气候条件上看，普洱的生态建设有自己的优势。这里由于受亚热带季风气候的影响，大部分地区常年无霜，冬无严寒，夏无酷暑，雨量丰沛，森林和植被覆盖广泛。全市年均气温15～20.3℃，年无霜期在315天以上，种种优势突出，所以才会有“绿海明珠”“天然氧吧”的美称。

这里还被联合国环境署专家誉为“世界的天堂、天堂的世界”。

普洱市拥有优良的生态环境、独特的区位优势和丰富的自然资源。在云南生态文明建设的战略行动中有着不可忽视的作用和地位。

2016年1月，在北京举行的第三届绿色发展与生态建设新标杆盛典上，普洱市又荣获2016创建生态文明标杆城市，而且是云南省唯一入选城市。

普洱还是国家循环经济示范城市、全国水生态文明城市建设试点、国家园林城市、国家卫生城市、全国未成年人思想道德建设工作先进城市、全国文明城市提名城市……

诸多荣誉证明，在生态文明建设的时代浪潮中，普洱一直走在时代前列，不断开拓，努力进取，形成了自己的特色。近年来普洱市坚持实施“生态立市、绿色发展”战略，对普洱的生态建设有了明确的目标定位。全市上下共同努力，通过实施天然林保护、退耕还林、荒山荒地造林、封山育林等重点生态建设工程，城乡绿化水平大幅提升、生态环境有效改善、林业产业不断发展。

走在普洱街头，你会体会到普洱所追求的“让森林走进城市、让城市拥抱森林”的理想已经实现。他们用自己辛勤的汗水，建设了一个生活宜居适度、生态山清水秀、绿色生态环保宜居的美好家园。

而普洱人并不满足于此，他们更长远的目标是：确保到2020年全面建成国家绿色经济试验示范区。普洱的城市品牌是：“天赐普洱，世界茶源”。目前已经建成了生态茶园10.47万公顷、咖啡园5万公顷、生物药业2.03万公顷。

除了大自然的慷慨馈赠，更要看到人们的努力和创造，这才是普洱生态建设的重要动力。2016年8月1日上午，普洱大剧院人头攒动、热闹非常。来自中外的各路专家学者，和来自中央、省、市的20多家新闻媒体齐聚这里，迎接一次盛会的召开。这次盛会的名称为“第二届普洱绿色发展论坛”，它的主题是“绿色产业·绿色人文”。主要围绕普洱建设国家绿色经济试验示范区这一核心，聚焦特色生物、清洁能源、现代林业、休闲度假养生等产业，共同交流研讨普洱绿色发展策略，探索普洱绿色发展路径，总结普洱绿色发展模式，进一步推动普洱国家绿色经济试验示范区建设。

第九届、第十届全国人大常委会副委员长、中国文化院院长许嘉璐应邀出席论坛，并做了精彩的主旨演讲。他在接受记者采访时，对普洱的绿色发展成效给予了高度评价，提出了普洱是“上天所赐”的观点，并进一步阐释说：“这里自然环境好，民族关系好，人民生活安然欢愉。在我看来，这都是‘天’之所赐，大自然之所赐。”

普洱人拥有上天恩赐的资源和气候，并没有浪费和过度索取，而是在“十年暴富和千年传承”之间做出了智慧的抉择，选择用心呵护这土地上的一切生态资源，修复环境，建设家园。

在普洱的太阳河国家森林公园内，有各类植物近千种，还有各种珍稀动物和鸟类200多种。这里气候湿润、森林茂密，为动植物的生存提供了非常优越的环境。这里是野生白鹭最后的天堂，也是许多珍贵的动植物赖以生存的地方。因为有普洱人为它们打造的一条条绿色通道，提供生存的便利条件。在这里，可以观赏到各种奇异的花卉，还可以见到可爱的小蜂猴、灰叶猴，还有金猫、云豹、水鹿、大灵猫、绿孔雀、白腹锦鸡，让人大开眼界。

把这块天赐的绿洲建设成人与自然和谐相处的绿色家园，是普洱人的目标和理想。作为全国首个获得批准的“国家绿色经济试验示范区”，普洱正在生态文明建设的道路上努力前进，在生态保护与发展的道路上探索方向。在所有的品牌中，“绿色生态”是普洱最大的品牌优势，而“国家绿色经济试验示范区”，则为普洱提供了一个更大的发展平台。

“打造森林城市，建设美丽普洱”，既是一个奋斗目标，也是正在实现的现实。事实证明只要付出心血和汗水，美丽的梦想就会变成现实。让森林覆盖大地，曾经是人类的梦想和追求。让森林掩映城市，把城市变成童话一般的乐园，也是人类的梦想。但是，在实践中后者比前者更有难度。

但是普洱却做到了。作为全市的中心区域，思茅区的森林覆盖率竟然高达71.23%，城镇人均公共绿地面积10.66平方米。这是一个让人惊讶的数据，也是一个让人高兴的数据。它意味着思茅的绿化已经达到了一个新的高度。所以思茅区才能先后被列为全国生态文明示范工程试点县（区）和“国家级生态文明示范区”，获得“国家级园林城市”等荣誉称号。

有人说一个国家的森林覆盖率和绿化率、绿地率等指标，并不单纯的只是一串数据，而是反映了一个地区或者城市的“肺活量”。数值越高，说明“肺活量越大”，抵消污染的能力也就越强。

如此看来，思茅的“肺活量”确实非同一般。在全省的州一级城市中，已经处于遥遥领先的地位。十八大以来，生态文明建设已经成为城市发展的重要指标。在新型城镇化中建设绿色城市、智慧城市、人文城市，是一种新的潮流和趋势。城市的绿色价值被提到了一个新的高度来认识。表面上绿化率由一些数据组成，更深层次涉及的却是一个城市的生态环境理念和发展前景。

思茅区的绿化，在一定程度上大大提升了这个城市的品质。

好的名声会到处传扬。一个版纳的朋友跟我提起思茅时，说了一番诚恳的话语。他说：相比之下版纳的自然条件要好一些，而思茅的绿化则是奋斗出来的，是心血和智慧的结晶。思茅人在绿化上下了大功夫！

思茅以前我到过，但是也有好几年时间没有来这里。2017年7月我来普洱，行走在思茅的街头，恍若是走进了一个童话世界。街道两旁长满了高大的树木和茂密的花草，坐车行在其中，如同小船漂在绿色的海洋上，让人身心俱悦。

当地朋友给我讲了个笑话。

说某人某晚与朋友聚会，喝醉后步行回家，走了半天却找不到回家的路。只好给家人打电话说：“我迷路了，好像是到了森林里面，怎么到处都是树啊！”

只有亲自走在思茅街头，在绿树丛中穿行而过，体验了“到处都是树”的景致后，你才能体会到这个笑话的内涵。想一想，在炎热的夏季，一个城市有那么厚重的绿荫覆盖，是多么奢侈的享受。它所提供的还有清新的空气、宜人的环境。让你能拾取一份难得的清凉，和舒适的好心情。

从思茅区园林绿化管理处了解到，美丽的城市、宜人的生态后面有精心的设计和科学的规划。近年来，思茅区以“创园、创卫、创森”为契机，实施了一系列工程。比如“增绿添彩”“森林普洱”“野花工程”等等，为绿化城市做了大量工作。为了更好地美化城市，思茅园林人付出了很多辛劳。

从一组数据可以具体感受到思茅园林绿化的全面与丰富：采用本地思茅松、清香木、香樟、西南桦等乡土树种，配以扶桑、美蕊花、叶子花等灌木和矮牵牛、海棠等草花。共在城区栽种各类乔木6750株、灌木79600株，草花114000株，地被75000余平方米。通过乔、灌、草、地被、藤本植物合理配置，形成了多层次的绿化景观，又体现出普洱物种的多样性。

行走在思茅街头，绿色氛围让人心旷神怡。

走绿色生态之路，已经成为普洱一张非常靓丽的名片。

普洱的茶园，也是最能体现普洱之绿的特色产业之一。离思茅城不远处就有一处名为“万公顷茶园”的景观，可以观赏到茶园的丰富景致。站在山上放眼望去，万公顷茶园如绿毯一般覆盖山野。在营盘山茶园内，游客还可以通过参观中华普洱茶博览园，了解更多关于茶的历史和知识。

2008年11月18日，时任中共中央政治局常委、中央书记处书记、国家副主席习近平在云南考察期间，就曾经专程来到普洱的万公顷茶园，走进茶农中间，详细了解普洱茶的发展情况。当他听到普洱正在实施建设生态茶园，目标是几年之内全部茶园都达到绿色生态标准时，高兴地笑了。

习总书记的视察，是对普洱茶人最大的关心和鼓励。从2010年开始普洱就在全国率先实施生态茶园，目前全部茶园都已经达到绿色生态标准。

普洱的茶，是普洱绿色生态的重要内容。它已经走过一条从无公害茶到绿色生态茶，再到有机茶的发展道路，为绿色生态的发展做出了自己的贡献。站在万公顷茶园里放眼望去，满目都是绿色的风景。轻风吹过处，一片绿色的波浪在山野间起伏，犹如进入了一片辽阔的海洋。

茶的绿色扮靓了普洱的风景，茶的清香让普洱的空气更加清新宜人。

二、“绿色明珠”西双版纳

西双版纳，是云南高原的一颗明珠。

提起它，就会让人想起《月光下的凤尾竹》那悠扬婉转的音乐和优美动人的歌词：“月光下面的凤尾竹／轻柔美丽像绿色的雾／竹楼里的好姑娘／光彩夺目像夜明珠。”每一个来到这里的人，都会对它的美丽风光和民族风情流连忘返。

1961年，年轻的白族诗人李鉴尧来到西双版纳采风，美丽的自然景致和多姿的民族风情让他沉醉不已，于是提笔写下一组《西双版纳诗钞》。其中的一首短诗名为《马儿啊，你慢些走》，后来经过作曲家谱曲传唱后，曾经风靡全国。诗中的一节这样描写西双版纳的美：

马儿啊，你慢些走，我要把这迷人的景色看个够。
肥沃的大地，好像是浸透了油，
良田万公顷，好像是用黄金铺就。
没见过青山滴翠美如画，没见过人在画中闹丰收。
没见过绿草茵茵如丝毯，没见过绿丝毯上放马牛。
没见过万绿丛中有新村，没见过槟榔树下有竹楼。
没见过这么蓝的天，这么白的云，灼灼桃花满枝头……

西双版纳是傣语，在古代傣语中为“勐巴拉娜西”，是理想而神奇的热土之意。也指“十二个行政区”。其首府所在地景洪市（允景洪）则是有名的“黎明之城”，充满生机与活力。这里以神奇的热带雨林自然景观和民族风情而闻名于世。一年一度的“泼水节”被誉为“东方狂欢节”，更是吸引着来自世界各地的目光。

称西双版纳为“一片理想而神奇的乐土”，是恰如其分的。它最显著的特色和优势，就是上天赐予的优良的生态环境。在这片不到中国国土面积0.2%的土地上，却生长着中国四分之一的野生动物，拥有全国五分之一的野生植物物种资源。当地朋友戏言：版纳水果多，头顶香蕉，脚踩菠萝，跌倒还能抓把野生果。

这样的生态环境，听起来就让人无比神往。

西双版纳是全国少有的湿热地带，地处东西季风区，气候特点高温多雨，只有干湿季之分而四季不明显。优越的自然条件，蕴藏着丰富的动植物资源，使景洪成为我国宝贵的物种基因库。被誉为“动植物王国”“植物的宝库”“森林生态博物馆”。茂盛的热带雨林和温暖、湿润的气候，又给各种野生动物提供了生长繁殖的良好条件，森林是珍禽异兽的家，所以这里也被誉为“动物王国”和“天然动物园”。

西双版纳首府景洪，傣语意为“黎明之城”，是以傣族为主体的多民族边疆地区。古称景咏、景陇，旧称车里、彻里，是西双版纳傣族自治州首府及全州的政治、经济、文化中心。澜沧江由北向南穿越而过，小磨公路从东到南、昆洛公路从东到西越境而出。

来到景洪，第一印象是城市入口处那些白色的大象群雕，它们以生动活泼的姿态站立在景洪的大门处，昂头迎接着每一个来到版纳的客人，送上美好吉祥的祝福。街头的树丛间会突然闪出几只孔雀的身影，仿佛正要翩翩起舞，带给人意外的惊喜。虽然都是雕塑，但体现了城市设计者的良苦用心，让人对景洪的特色和生态环境有了最直观的感受。

街道两旁高大的油棕树站成了一道绿色长廊，中间杂有槟榔、椰子、芒果、贝叶的身影，亚热带的气氛扑面而来。孔雀湖畔如同景洪的眼睛，明亮而多情。

西双版纳历届州委、州政府和各族人民一直像爱护眼睛一样爱护生态环境，一直为争当全省生态文明建设排头兵而努力着。他们深深懂得，良好的生态环境是西双版纳靓丽的名片和宝贵财富，是西双版纳实现跨越式发展独特的优势和核心竞争力。西双版纳州早在1982年就被国务院批准为第一批国家级风景名胜区；1993年被联合国教科文卫组织接纳为生物圈保护区网络成员；1995年被国务院公布为全国第一个自然生态平衡的生态州；2004年被国家环保总局命名为国家级生态示范区。在生态文明建设的道路上，有着独特的优势。

2008年，西双版纳州委、州政府确立了一个更为远大的目标：在云南率先建成国家生态州，为争当全省生态文明建设排头兵做出表率。于是，“生态立州”被确立为西双版纳州的发展战略。目标明确后，州委、州政府团结带领全州各族干部群众，毫不松懈地推进国家生态州建设的各项工作，取得了明显的工作成效。出现了青山绿水与经济发展齐头并进的良好局面，生态创建成果频出。

付出劳动就会有收获，荣誉是对努力的回报。

2014年景洪市荣获省级“生态文明城市”称号，9个乡镇获得环保部授予的“国家级生态乡（镇）”称号，创建省级绿色学校5所，州级以上生态村50个，州级绿色文明社区、学校、企业19家（所）。

2017年3月3日，西双版纳州被云南省人民政府命名为第一批“云南省生态文明州市”，也是全省16个州市中唯一获此殊荣的州（市）。顺利实现了州委、州政府确定的在全省率先建成生态文明州，争当生态文明建设排头兵的生态建设目标。截至目前，全州共有31个省级生态乡（镇）、26个国家生态乡（镇）、3个省级生态文明县（市）、184个州级生态村、32户州级环境友好企业、8个环境教育基地、17个绿色社区（小区）、133所绿色学校。[1]

西双版纳的生态文明建设，走在全省前列，取得了优异的成绩。在生态文明建设中，西双版纳州委、州政府是如何做的，有哪些值得借鉴的经验?

这应该是很多人迫切想了解的。

为此，2016年10月，由云南省纪委、省委宣传部、省监察厅、省政府纠风办主办，云南广播电视台承办的《云广金色热线》栏目专门为西双版纳州人民政府开播专题。西双版纳州州委副书记、州长罗红江在热线中向广大听众专门做了详细介绍。特别谈到了如何处理好发展经济和生态建设的关系。

罗州长认为首先要解决好保护与开发的矛盾，认识要到位、观念要到位。要促进全州各族人民，牢固地树立坚定不移走生态文明发展的观念。特别是要把现代的教育跟西双版纳少数民族朴素的生态观结合在一起。比如说有林才有水，有水才有田，有田才有粮，有粮才有人，这就是非常朴素的观念。

他还谈到产业发展的生态化，就是把绿水青山变成金山银山，这个过程才是实实在在的。所以，西双版纳确定了生态经济的“六大产业”：

发展特殊生物，充分利用好版纳丰富的生物资源；

发展旅游文化，充分利用好版纳丰富的自然资源；

发展加工制造，围绕生物产业来进行；

发展健康养生，充分利用好版纳的环境资源；

发展现代服务业，使生态文明建设更上一层楼。

……

所有的发展，都是在自然开发与保护的道路上进行的实践与探索。作为一个地处边境的民族自治州，西双版纳在生态文明建设的过程中，还负有国际义务，国际合作不断拓展。近年来先后与老挝南塔省、丰沙里省、磨丁开发区共建森林联合保护区，在中老边境形成了连片连线、长200多千米、面积约20万公顷的绿色生态长廊和国际生物廊道。与老挝北部5省建立了中老农业科技试验示范园和生物产业基地，鼓励州内企业积极“走出去”与老挝合作发展。种种努力对树立中国的国家生态形象，起到了非常好的作用。

西双版纳的绿色生态，是一张独具特色的名片，为它带来了良好的国际声誉。这片“理想而神奇的乐土”在生态文明建设的热潮中，正焕发出勃勃生机。

西双版纳之所以被冠以“北回归线上的绿色明珠”的美称，被誉为“动植物王国”和“物种基因库”，究其原因正是因为它保存了较为完整的热带生态系统和森林植被，是我国重要的生物多样性宝库和西南生态安全屏障。

它的森林覆盖率在全国、全省都是突出的。

从2017年2月云南省林业厅发布的“云南省第四次森林资源调查公报”中可以了解到，目前西双版纳的森林覆盖率为80.79%，高居全省榜首。

勐腊县的森林覆盖率更是高达88%。这个数据是由云南省林业调查规划院自然保护区研究院监测中心负责实施的“勐腊县森林资源二类调查”组，经过两年半时间调查之后得出的结论。应该是科学而真实的。

距离景洪市只有8千米的西双版纳原始森林公园，是全州离景洪城最近的一片原始森林。如果来到这里，你就可以切身感受到这些数据后面真实具体的内容，充分享受一场绿色生态带给你的视觉和心灵的盛宴。西双版纳原始森林公园，是在1666.67公顷热带沟谷雨林的基础上创建而成的，园内森林覆盖率超过98%，是个名副其实的天然大氧吧，每吸一口气都有“洗肺”的感觉。

人在林中行，几乎看不到天日，只有遮天蔽日的树木、藤萝与你相伴，让人恍若进入一个迷幻的世界，以为可以见到童话中的精灵出没。

除了观赏自然景观，这里一年四季都会开展和民族文化相关的活动。

春季到这里可以体会孔雀文化季的浪漫，夏季可以体会雨林文化季的丰富与独特，秋季则可以观赏丰富多姿的民族服饰，冬季可以参与到民族年俗文化季的诸多活动中。

热带雨林景观，是西双版纳的一大特色和奇观。

它是当今我国高纬度、高海拔地带保存最完整的热带雨林，具有全球绝无仅有的植物垂直分布“倒置”现象。在茫茫苍苍的热带雨林中，生活着一个动物的王国，隐藏着一个丰富博大的自然世界。科学家会告诉我们热带雨林的重要性：它是人类的生物基因库，它是动植物的天堂。它的盛衰消长可以反映出地表自然环境的变迁，会直接影响到生态环境和人类的生存条件。

所以，热带雨林的保护早已是一个重要的生态问题。西双版纳对热带雨林的认识，也走过曲折之路，有过经验和教训。为了短暂的经济利益而“毁林种胶”，曾经给热带雨林带来灾难，生态环境遭到破坏。所幸的是，今天是一个高度重视生态环境的时代，中国政府已经把生态建设上升到了人类文明的高度来认识，对热带雨林的发展确实是一件幸事。

近年来西双版纳州坚持“生态立州”战略，牢固树立“绿水青山就是金山银山”的理念。在州委、州政府的领导下，全州坚持不懈地保护好热带雨林。抓好保护区建设、天然林保护、退耕还林、陡坡地治理、城乡绿化造林、农田生态系统和湿地生态系统保护等碳汇工程，取得了可喜的成果。

在州委的规划中，到不远的2020年全州各类保护区面积将会达到40.93万公顷，森林覆盖率达80%以上，森林蓄积量达1.8亿立方米以上。

其中的森林覆盖率达80%以上这个目标，其实今年已经顺利实现。

西双版纳，是西南边陲一颗耀眼的明珠。它的绿色生态正在蓬勃发展，给各族群众的生活带来新的变化。每天都有无数的游客从四面八方涌向这里，为的就是一睹它美丽的容颜，体验它多姿的风情。

绿色，是各民族人民的美好希望，是社会和谐的象征。

绿色，是西版纳独特的生态符号，是它迷人的个性。

祝愿它永远保持绿色，在希望的道路上大步前行。

三、有一个美丽的地方

绿色的德宏

提起德宏，很多人脑海里就会浮现出那首悠扬婉转的歌：

> 有一个美丽的地方罗，傣族人民在这里生长罗。
> 密密的寨子紧相连哪，弯弯的江水呀绿波荡漾
> 一只孔雀飞到龙树上，恩人就是那共产党。
> ……

这是已故军旅作家杨非先生于20世纪50年代创作的歌曲，后来成为电影《勐龙沙》的主题曲，更是在全国风靡开来。

德宏傣族景颇族自治州，位于祖国西南边陲、中缅边境，是著名的孔雀之乡。提起德宏，就会让人想起一只美丽的金孔雀，在阳光下翩翩起舞的身姿。德宏生活着汉族、傣族、景颇族、傈僳族、阿昌族、德昂族等民族。各民族团结共生、和睦相处，共同创造着一个美好幸福的德宏。

芒市是个美丽的边境城市，著名的孔雀之乡、黎明之城。

摇曳多姿的凤尾竹为它增添了无尽的柔情，每天南来北往的游客为这个城市增添着繁荣。德宏有自己丰富的物产和鲜明的特色，这一点从一些县的称呼上就可以体会得到。比如州府芒市因为盛产咖啡，被称为“咖啡之乡”；梁河是“葫芦丝之乡”，陇川是“目瑙纵歌之乡”，盈江是“中华翡翠毛料城”，瑞丽则有“东方珠宝城”的美

称。每一个名称后面，体现出的都是与众不同的特色。

近年来，德宏州依托独一无二的区位优势，深入实施“沿边特区、开发前沿、美丽德宏”发展战略，全州呈现出经济发展、文化繁荣、民族团结、社会和谐、边疆稳定的良好局面。

每个地方都有自己的特色和优势，德宏的“州情”主要有哪些特色？当地政府对此用“五个特殊”来进行概括和表述。来到德宏，行走在一片片绿色中，感受着凤尾竹的清凉与多情，对这“五个特殊”便有了深入的理解。

第一，德宏有特殊的自然环境。

这里属南亚热带气候，平均海拔只有800～1300米，光照充足，气候温和，可以用冬无严寒、夏无酷暑来形容。这里是一个美丽的地方，花开四季，瓜果飘香。这里除了人类居住，还有许多珍稀的动植物，所以有“植物王国”“物种基因库”之美称。这里河流潺潺、森林茂密，全州的森林覆盖率已经远远高于全国和全省的平均水平。

第二，德宏有丰富、特殊的民族文化。

这里是云南8个少数民族自治州之一。全州内有傣族、景颇族、阿昌族、德昂族、傈僳族5个世居少数民族，少数民族人口占总人口的48%。在历史岁月的长河中，积淀了深厚的文化底蕴。另外，作为傣族的发祥地，德宏文化对周边国家影响深远。傣族的泼水节、景颇族的目瑙纵歌节、阿昌族的“阿露窝罗节”、傈僳族的“阔时节”、德昂族的“浇花节”及中缅胞波狂欢节、瑞丽国际珠宝文化节、中缅边境交易会等节会已成为传承民族文化、增进民族团结、促进中缅友谊、推动旅游经济发展、促进边疆和谐稳定的重要文化交流平台。

第三，德宏有特殊的地理位置。

作为一个边境民族自治州，德宏有长达503.8千米的边境线，三面与缅甸接壤，历史上就是南方古丝绸之路的要塞，是史迪威公路与中缅公路的交汇点。现在，德宏是中缅国际大通道、中缅输油输汽管道的出入口。德宏全州拥有瑞丽、畹町两个国家一类口岸，章凤、盈江两个国家二类口岸，有9条公路、28个渡口、64条通道及1条国际通信光缆、9条输电线路连通缅甸。在“一带一路”的经济建设中，有着重要的地位。

第四，德宏有特殊的战略地位。

简要地说，德宏作为中国走向印度洋的必经通道，在未来中国与东南亚、南亚各国的交往中，是“前沿的前沿、窗口的窗口”，所担当的已经不仅仅是经济意义上的角色，其战略地位不可取代。

第五，德宏有特殊的发展机遇。

一方面随着交通建设的高速发展，对外交往更加便捷。“一带一路”倡议、孟中印缅经济走廊建设等战略，助推了中国与相关国家的深度合作。另一方面，一个立体式、综合型、内联外通的国际大通道网络的形成，将开启中国面向印度洋开放的新时代。所以，德宏的发展面临着新一轮的历史机遇。

除了以上五个方面的优势，德宏的生态优势也是不容忽视的发展基础。来到德宏，进入你视野的满目都是绿水青山，到处都是美丽动人的风景。

在新的时代背景下，德宏州政府思考得最多的一个问题就是：如何保护好德宏的绿水青山，再让它转变为对各民族人民有利的金山银山？

所以近年来，德宏州委、州政府持“保护与开发并重”的原则，着力实施“生态立州”战略，本着规划先行、计划引领的理念，先后编制了一批不同行业不同角度的生态建设规划、条例，为科学有序地开展生态文明建设打下了良好的基础。

比较宏观和长远的有《德宏生态州建设10年规划》和《德宏生态文明建设总体规划》《德宏州生物多样性保护实施方案》。比较具体的有《德宏州土壤环境保护和综合防治方案》《德宏州水资源保护规划》《德宏州集中式饮用水水源地保护规划》《瑞丽江、大盈江出境河流污染综合治理规划》等等，为德宏州生态文明的健康发展，制定了科学的规划。

有好的地理条件，有好的时代机遇，还需要有切实的行动和不懈的努力奋斗，才能让生态文明之树扎根沃土，开出美丽动人的花朵。一只美丽的金孔雀，将如何展开翅羽，在蓝天下飞出最动人的姿势？在德宏采访的日子，我用目光打量着这块土地，为它的发展变化而感叹，也为它更加美好的明天而期待着。

作为一个边境地区，德宏生态文明建设的意义是双重的。一方面通过对生态问题的重视与建设，推动地方经济的快速发展，为各民族人民的生活带来新的变化。另一方面，德宏生态建设的成果，还具有不可忽视的国际意义，可以从正面展示中国作为泱泱大国的风采和责任感，为树立良好的国际形象打下基础。

在《德宏州2016年政府工作报告》中，我看到了德宏州在“十二五”时期走过的奋斗历程及取得的各项丰硕成果。也看到了

“十三五”规划中，未来五年德宏发展的目标和方向。尤其是生态文明建设中需要完成的一些目标和任务：

“到‘十三五’末，全州城镇生活垃圾无害化处理率达到95%以上，污水处理率达到85%以上，90%以上村庄的生活垃圾得到有效治理”；“加快美丽宜居乡村建设，实施‘六到农家’工程，打造一批特色小城镇”；“加快城镇道路、供排水、地下综合管廊等基础设施建设，积极发展城乡公共交通”。

所有的措施和努力，都是在一个宏伟目标的引领下有序地进行，那就是“深入实施生态立州战略，强化生态建设和环境保护，争创全国生态文明示范区”。这将是当前和今后一个时期，德宏州各族人民的共同努力方向。它体现了德宏人对美好未来的期待、对理想的追求。也是德宏各族人民实现美丽中国梦的目标和方向。

行走在芒市充满亚热带风情的街头，热风扑面，到处都可以体会到“热情”“热度”“热望”。凤尾竹摇曳出独特的诗意，德宏在生态文明建设的道路上正大步前进。

美丽的瑞丽风光

边贸城市瑞丽，自然风光旖旎，民族风情浓郁，是一座美丽的边境城市。它的资源主要是边境贸易和自然生态。杨非先生创作的那首到处传唱的歌曲，其实当年是在瑞丽创作的，赞美的就是瑞丽的民族风情和自然风光。现在，他的墓地就坐落在瑞丽市的勐秀山上，永远和这片土地融为一体。

市环保局的一位领导告诉我，2017年6月，省环保厅刚刚对瑞丽市创建省级生态文明市的工作进行考核和验收。经现场检查和综合考评，瑞丽市成功通过了省级生态文明市的考核和验收。现在全市的森林覆盖率已经达到68.4%，全市6个乡（镇）全部获得省级生态文明乡镇命名。水、气、声等环境质量保持良好，环保设施不断完善。工业的固体处置利用率达到100%。

瑞丽市委宣传部副部长杨晓梅介绍说，省环保厅对瑞丽市创建省级生态文明市工作的考核和验收是非常严格的。考核组深入工业园区、医院学校、集市、公园、村民小组，现场检查工业环保处理、医疗废物处理、生活垃圾、水源保护等情况，并按全市人口数的1‰比例开展民意调查。

瑞丽市能顺利通过验收，完全是因为生态工作做得扎实，还有各级各部门上下合力，是全市人民共同努力的结果。

生态，是一座城市最宝贵的发展资源。

瑞丽市委、市政府高度重视生态文明建设工作，成立了创建国家生态文明市工作领导小组，以国家级、省级生态文明市创建为契机，坚持绿色发展，以各种形式推动生态资源保护和利用，把瑞丽建设成为宜人宜居的生态之城。采访中市环保局主要领导告诉我，瑞丽提倡一种观念，每个公民都应该是生态建设的参与者。这是对市民生态意识的提升和促进。这里民族众多，民族节日也多。比如泼水节、目瑙纵歌节等等，当地有经验的干部都懂得，宣传工作要结合民族节日进行，效果才更好。而且，瑞丽有几个全州第一：

全州第一家禁止天然林砍伐的市，2013年就开始禁止。

全州第一家率先关闭小碳窑，后来经验在全州逐步推广。

全州第一家查封砂石厂。

……

为了使生态资源的良好发展，瑞丽一直在努力奋斗，甚至有时候还得为保护生态环境，做出些适当的牺牲。绿水青山，需要呵护。生态文明建设，必须处理好保护与开发的关系。要引导老百姓发展新的环保产业，比如种植药材，种石斛致富就是其中的一条路子。

目前，瑞丽市已通过省级生态文明市考核和验收，3乡3镇全部获得省级生态文明乡镇称号，并申报国家级生态乡镇。另外，还创建了29个州级生态村，6个省级、州级“绿色社区”，18所“绿色学校”，2个省级环境教育基地，1个省级生物多样性保护教育基地。

这些成果，展示了瑞丽在生态文明建设中的努力和付出。作为一个省级生态文明城市，它的风貌和特色是非常突出的。正在吸引着更多的旅游者来到这里，领略她的风采，感受她的魅力。

生态之城：芒市

德宏州府芒市，堪称一座生态之城。

这里四季如春，大地上绿色常青，一年四季瓜果飘香。

2978平方千米的土地上，蕴藏着丰富的资源。当地人说这里“山山有温泉、坝坝有热汤”，溪流纵横交错，如玉带一般缭绕大地。真正是一处天蓝、地绿、山清、水秀的养生天堂。市区的孔雀湖，如同一面镜子，见证着芒市在生态建设上走过的历程和取得的成果。

在生态文明建设的道路上，芒市通过努力获得了许多荣誉。近年来先后获得“国家卫生城市”“国家园林城市”“中国优秀旅游城市”“中国特色城市200强”等等称号。每一个称号，都是对芒市生态文明成果的褒奖和充分肯定。

在新的时代发展中，芒市又有了新的目标和方向。

关于芒市的城市发展，在德宏州第七次党代会上已经有了明确定位：“着力把芒市打造成为宜居宜业的生态田园城市”，这是一个全新的奋斗目标。为了实现这一目标和追求，芒市党委和政府有许多具体的规划。

比如，为确保2019年把芒市建设成为国家级生态文明市，2015年前全市80%的行政村必须创建为州级生态村，2017年前全市80%的乡镇必须创建为国家级生态乡镇。作为瑞丽国家重点开发开放试验区重要的一翼，芒市在加大推进试验区建设的同时，正在潜心打造宜居宜业的生态田园城市。在孔雀湖旁边，依托芒满、芒晃、芒杏、偏窝、芒国、勐目和田头七个传统村落的美丽田园风光及少数民族特色文化打造的集田园风光、休闲度假、乡村旅游、农业和生态观光等为一体的复合型旅游景区正在规划建设中。

为了实现新的理想和目标，芒市的生态工程渐次拉开帷幕。

2017年1月8日，芒市生态田园农田观光核心体验区和芒市城乡人居环境提升行动重点项目集中开工，又掀起了一个生态建设的新高潮。本次集中开工的重点项目，总投资3亿元，2017年预计完成投资5000万元。

工程完成后，芒市又将迎来一个全新的面貌。

行走在德宏的风景中，耳边时时会回响起“有一个美丽的地方”的动人旋律。“有一个美丽的地方，哎啰，傣族人民在这里生长啰。

密密的寨子紧相连哪，弯弯的江水呀绿波荡漾……”在生态文明建设的道路上，德宏在追求更新的理想，实现更高的起飞。那如玉带一般的江水，那诗意如画的竹楼，带给人们更美的享受。

有美丽的蓝天白云和洁净的绿水青山做伴，金孔雀的舞姿会更加婀娜动人。

四、保山生态大手笔

保山，古称永昌。一个辽阔的坝子，无数潺潺的河流，自古就散落着人类文明的火种。这里气候温和，有四季如春之感。当地人说若不是昆明先占了“春城”之名，保山也是可以称为春城的。这里植被多样、物产丰富，连绵起伏的高黎贡山山脉，犹如一个巨大的自然物种宝库，为保山增光添彩。

保山朋友告诉我，有专家考证，保山坝子在远古时代其实是一个封闭的哀牢古湖。经过时间的积淀和沉降，才有了今天的保山坝子。有些地方一直到民国时期还是一片湖泊和沼泽地，比如今天的风景区青华海就是这样的。直到20世纪50年代，这个区域还有近万公顷水域，后来才慢慢变成了村庄和农田。

历史就是这样神秘，让人体会着沧海桑田的变幻。变与不变，都只是相对的关系。在时间的帷幕之下，曾经的泽国变成了坝子。在当下生态文明建设的时代浪潮冲击和引领之下，又建设创造了一个美丽的湖泊和大片湿地。

美丽宜居的保山，正在展露出她动人的容颜。

青华海不是海，只是一个湖泊的名称。它与保山市区近在咫尺，是保山的后花园，是保山市民散步、休息、娱乐的家园。它是保山市委、市政府实施“城市生态化发展战略”的具体成果，是按照国家AAAAA级景区标准规划建设的产物。

清晨的青华海宁静、祥和。几个游人在悠闲地漫步，几只水鸟从芦苇丛中飞起，在水面荡起细密的波纹。沿湖都是湿地，水草茂盛，花木扶疏，让人有与大自然融为一体之感。临水的“永昌阁”倒映在湖面，更增添了青华海的文化风韵。

青华海，只是保山近期建设中的一个景点。把“三个万公顷”生态廊道工程连起来看，才能体现出保山市委、市政府的生态建设大手笔。它们分别是：建设万公顷青华海生态湿地恢复工程、万公顷生态观光农业园、万公顷东山生态恢复工程。“三个万公顷”项目融合了“山、水、田、园、城、绿、文”等要素，工程完全建成后，要能让人们“望得见山，看得见水，留得住乡愁”。

这是保山市城市生态建设理念的一次大提升。

“三个万公顷”体现的是一种全新的城市生态空间新格局，是按照海绵城市的理念进行统筹规划，融城市、生态、传统文化于一体的建构。这个全新的生态廊道，能让保山人的生活理念和环境条件发生重要的变化，生动形象地展现出“生态宜居”的效果。

同行的外宣办小李告诉我，青华海这里原先是大片村庄和农田，动员拆迁也是一项大工程。她指着不远处的一个小区说，那里就是安置小区。几幢高楼在蓝天白云下矗立着，形成别样的风景。

青华海国家湿地公园的建成，凝结着许多人牺牲奉献的精神，是无数人心血的结晶。现在这份努力已经得到回报，2016年12月21日，保山青华海国家湿地公园顺利通过国家湿地公园评审会评审，成功列入国家湿地公园试点建设项目。

“生态立市”，一直是保山市的追求，也是发展建设的战略目标。要真正推动生态文明建设，就得有行动和理想，有努力和奋斗，才能把自己的家园建设得更美好。保山有着丰富的自然资源，在生态文明建设中可以充分发挥自己的优势。用四张名片就可以把保山的特色和优势彰显无遗：生态保山、森林保山、绿色保山、美丽保山。保山正朝着全国生态文明城市的目标努力奋斗着。

漫步在青华海湿地公园，既可以体会到人力的创造，也可以感受到大自然的丰富多彩。放眼望去，真正是“有湖、有鱼、有鸟、有塘”，一个美丽清雅的生态公园格局已经形成。湖水中倒映的蓝天白云，快速变化着生动的图案，水鸟高飞处更增添了无尽的诗情画意。

小李告诉我，晚上或者周末这里的人会更多。休闲娱乐的、锻炼身体的，可以各取所需。周末可以达到三四千人呢！除了休闲娱乐，喜欢文化的人还可以登上永子棋院中的“永昌阁”，去感受“永子”文化的传承与保护。登上层楼可以远眺保山市区，也可以放眼湖面风景，让轻风拂面，让心灵与山水共鸣。

不单保山人喜欢青华海，就是鸟类也喜欢上了这里的旖旎风光。小李说这两年青华海、西湖吸引了很多鸟类来此落脚。有翠鸟、大雁、野鸭等等，多达五十多种。去年冬天连红嘴鸥也不远万里，飞来保山落脚，给保山人增添了新的乐趣。

只有来到这里，才能真切地体会到保山生态建设的力度和效果。

自然优势和人的创造力相结合，就能结出生态文明的硕果。保山市“三个万公顷”的创造工程，已经初见成效，让更多的人享受到了生态文明的好处，看到了保山的新变化和新希望。在新常态下转型发展，建设一个美丽、生态的保山，将会是保山市委、市政府长期的目标和方向。

除了青华海，还有规划中的万公顷生态观光园和万公顷东山恢复工程，完成之后，将为保山带来全新的发展前景。

万公顷生态观光农业园，也是一个大胆而有创意的规划。农业生产与观光旅游，将非常和谐地结合到一起。既发展了农民的产业，又可以满足城里人对乡村生活的向往，二者互相带动、互相促进，在全新的生态理念制约下，共同打造一个全新的乡村景观。规划面积约1666.67公顷的生态农业观光园，将以“菜、花、果”为生产核心，着力打造一些独特而诱人的景观。“云花、云果、云菜”将成为保山着力打造的三大名片，吸引住游人的目光。

到时候春季可以来保山看花，既有各色人工花卉，也有田野里盛开的油菜花，和果树上绽放的梨花、苹果花，红白相间的桃李之花。夏季可以到田野观赏、采摘瓜果，体会农家的田园之乐。届时保山坝子的春光会变得更加灿烂迷人。

所以，农业观光旅游接待的配套设施建设，也将同步进行。比如儿童游乐园、农耕文化展示中心、养生休闲中心等等，一系列的核心休闲区建设正在启动中，2019年年底之前就可以完成建设。游人到了万公顷生态观光农业园，在休闲娱乐感受田园风光的同时，还可以领略到农耕文化的丰富内涵和独特魅力。

现在，一切都在紧锣密鼓地进行之中。保山各部门有很多人都在为早日实现“三个万公顷”生态廊道工程这个宏伟的生态环境工程而努力工作着。我从保山农业业局了解到，他们已经向农业部申请到3000万元的建设资金，在金鸡乡金鸡村、东方村、育德村三个村，开始兴建排灌沟渠和一些前期工程。

生态农业的含义是丰富的，它和传统农业的区别之一就是对生态文明建设的高度重视，对环保意识的高度提升和加强。从保山市建设生态农业观光园的规划中，我已经切实地体会到了这一点。许多全新的概念冲击着我对农业的认知。比如种水稻就不再是传统意义上的普通种植，而是提倡“水稻绿色高产高效创建”，在核心样板区，将供应生物有机肥、新型控释肥，还要推广稻鱼共养、绿色防控、定量栽培等措施。总之，一切都是围绕减少乡村水土污染、提高生态环境质量来进行。有现代科学观念和具体措施，又能为农民创造经济效益，这才是“生态农业”的真正含义。

几年后，来到保山的万公顷生态观光园，相信一定会看到大地上瓜果飘香、清水中鱼儿欢游、人民安居乐业的美丽景象。

“三个万公顷”生态廊道工程中，还有“万公顷东山生态恢复工程”也很值得期待。它的规划同样很宏观，整个规划面积约0.18万公顷，以开展生态修复为重点。形象地概括起来这个规划所追求的效果就是：“山脊戴帽子，坡面栽林子，沟底建坝子。”给保山的大山披上一片绿色的新装。同时还要打造集历史文化、生态休闲和户外体验为一体的综合性森林公园。万公顷东山生态恢复工程已于2016年9月28日正式开工建设。它的创新亮点之一是“园中园”的设置，到时将有一些以保山市每个区、县命名的园林，展现出不同的风格和特色。

比如腾冲园，目前已经种植了天竺桂、栾树、蓝花楹、八月桂、红枫，还有滇朴、杜鹃、冬樱花、银杏等植物。龙陵园，主要种植早樱、蓝花楹、梅花、丛生紫荆。昌宁园，种植云南樱花、清香木……

每个园的观赏点各有千秋，却又能共同组成一片属于保山的奇异风景。

恢复和创造相结合，在现代生态观念的指导和制约下，一个生态廊道正在形成。不远的将来，“万公顷东山”将是一个吸引游人的好去处。

“三个万公顷”生态建设工程完成后，将会全面提升保山生态化城市的形象，使其真正成为南方丝绸之路上的一颗璀璨明珠。

行走在滇西的土地上，虽然时间紧迫，一路看来不免有走马观花之嫌，但也收获多多。它们堪称是云南生态文明建设的典范和缩影。

很多人在努力、在拼搏，只为让古老的土地焕发出全新的生命活力。

绿水青山不仅是美丽的风景，更是丰富厚重的金山银山，正在为各族群众带来财富，带来美好的生活和希望。

第四章　昔日绿水青山，今日金山银山

习近平总书记多次强调“绿水青山就是金山银山”，目的就是要求我们按照绿色发展理念，把生态文明建设融入各方面建设的全过程，建设好美丽中国，努力开创社会主义生态文明新时代。云南各州（市）的干部群众把生态作为可持续发展的最大本钱，在实践中将“绿水青山就是金山银山”化为生动的现实，收获了许多重要的建设成果。

一、“绿水青山就是金山银山”

在中国的绿色经济发展浪潮中，一个重要观点早已深入人心，受到广大干部群众的全面认同。它就是习近平总书记提出的“绿水青山就是金山银山”的重要论述。实践证明这是一个符合中国发展实际，包含了丰富哲理的观点。

2005年8月15日，时任浙江省委书记的习近平同志在安吉天荒坪镇余村考察时，首次提出了“绿水青山就是金山银山”的科学论断。一周后，他在《浙江日报》“之江新语”发表评论又进一步阐述了绿水青山与金山银山之间的三个发展阶段，指出：“生态环境优势转化为生态农业、生态工业、生态旅游等生态经济的优势，那么绿水青山也就变成了金山银山。”

2013年9月7日，习近平总书记在哈萨克斯坦纳扎尔巴耶夫大学回答学生提问时，再次强调：建设生态文明是关系人民福祉、关系民族未来的大计。我们既要绿水青山，也要金山银山。宁要绿水青山，不要金山银山，而且绿水青山就是金山银山。

十八大以来，习近平总书记还一直强调一件事，指出要“算大账、算长远账、算整体账、算综合账”。这件事指的就是生态环境保护。他明确指出：“绝不能以牺牲生态环境为代价换取经济的一时发展。”多次提出“既要金山银山，又要绿水青山”“绿水青山就是金山银山”。

他多次强调的目的，就是要求我们按照绿色发展理念，把生态文明建设融入各方面建设的全过程，建设好美丽中国，努力开创社会主义生态文明新时代。

近些年来，云南各州（市）的干部群众把生态作为可持续发展的最大本钱，在实践中将“绿水青山就是金山银山”化为生动的现实，收获了许多重要的建设成果。

生态文明建设的关键，首先是观念的转变

面对满目的绿水青山，过去很多地方的人对它习以为常，并没有意识到它是一笔蕴藏的财富。更没有人去认真思考，如何做才能让它转变成金山银山，为人类造福？生态资源向经济财富的转化，需要更新思想理念，建立起生态全局观。不能为了所谓的“政绩”，片面追求经济利益，目光短视，忽略了生态发展的规律。西双版纳就有过类似的教训。20世纪90年代以来，国际市场生胶价格暴涨。在经济利益驱使下，出现了砍伐热带雨林改种橡胶的现象。随着橡胶种植面积的日益扩大，西双版纳的天然热带雨林逐渐缩小。近30年间共损失了约40万公顷的热带雨林，其中很大一部分是被转换为单一种植的橡胶林。

当地一位朋友给我讲起这些往事，仍旧痛心疾首。他告诉我当时民间流行一句俗话：“正科副科，不如橡胶树栽两棵。”正好形象地见证了某些人“毁林种胶”的短视和不法行为。大片的原始森林被无情地砍伐，让人心痛！

人们在收获金钱的时候没有注意到，西双版纳的生态危机已经在悄然逼近，据州气象局的长年监测表明：在过去50年间，四季温差加大，相对湿度下降，州政府所在地景洪市1954年雾日为184天，但到了2005年仅有22天。对此，州林业局在一份文件中指出："虽不能说完全是种植胶引起的，但应该说有着直接的联系。"因为砍伐破坏原始森林，给橡胶树打农药污染水源等因素，一些地方甚至出现了缺少饮用水，只能出钱买水喝的现象。

这位朋友总结说：缺乏科学的生态观，没有正确的判断和导向，是西双版纳在生态发展上应该吸取的教训。种橡胶树虽然来钱快，可以为村民带来金钱、小楼和富裕的生活。但是从长远看却是得不偿失的行为，尤其是大面积种植橡胶，会破坏原有的多元化多物种生态环境，后果非常严重。

生态意识的薄弱和素质的低下，一定会导致严重的后果

正是因为生活中总会有这些违背自然规律的现象存在，习近平总书记才会语重心长地告诫我们："绝不能以牺牲生态环境为代价换取经济的一时发展。"这句话听起来令人振聋发聩，直指矛盾的关键所在。

2017年5月26日，在主持中共中央政治局第四十一次集体学习时习近平总书记再次指出：推动形成绿色发展方式和生活方式是贯彻新发展理念的必然要求，必须把生态文明建设摆在全局工作的突出地位。

要想让生态文明建设取得硕果，就得学会跟上时代的发展，不断更新观念。尤其是各级各部门的领导，有了新的生态观念，提升了思想意识，才能在生态文明建设中少走弯路。

其次是要处理好人与自然的关系

人与自然的关系是一对古老而又常新的关系。从古至今，处于不断的发展变化之中。古人依赖自然、崇拜自然，对大自然有一颗敬畏之心。在漫长的时间中，人和自然形成了互相依存的关系。敬畏之心，就是古人对待自然的一种科学态度。

在我们的现代科技时代，自然环境因人为的原因遭到破坏，留下很多教训。更需要确立正确的自然观，充分认识到建立人与自然的和谐共处、协调发展关系。实现人类与自然界的全面、协调发展，才是人类生存与发展的必由之路。

习近平在中共中央政治局第四十一次集体学习时，也谈到了人和自然的关系。他强调，人类发展活动必须尊重自然、顺应自然、保护自然，否则就会遭到大自然的报复。这个规律谁也无法抗拒。人因自然而生，人与自然是一种共生关系，对自然的伤害最终会伤及人类自身。只有尊重自然规律，才能有效地防止在开发利用自然上走弯路。

很多事实早已证明，如果人类不顾自然规律，过度开发利用，过度索取，大自然是会向人类施以报复的。一些地方因为乱砍滥伐造成的山林荒芜、土地石漠化，就是我们最应该吸取的教训。

我们要做的是让经济社会发展建立在资源能支撑、环境能容纳、生态受保护的基础上，才能使青山常在、绿水长流、空气常新，让人民群众在良好的生态环境中创造幸福美好的生活。生态文明建设所追求的目标就是既要金山银山，也要绿水青山，而且绿水青山就是金山银山。

对云南的生态文明建设来说，处理好这两组关系是发展的重要前提。

二、看绿水青山多妖娆

云南的绿水青山，可以用千姿百态、妖娆迷人来形容。几乎每一个州（市）都有自己与众不同的特色。大理的湖光山色让人着迷，丽江的雄山丽水让人惊叹。还有红河的奔腾、文山的灵秀、德宏的秀丽、西双版纳的神奇……

山水多情人智慧

丽江，是云南著名的旅游胜地。

提起丽江，就会想到丽江古城的潺潺流水、束河古镇的休闲时光，还有玉龙雪山的雄伟壮丽，拉市海湿地公园的浪漫骑行……再延伸一下，还有惊险迷人的金沙江漂流，老君山国家公园，险峻的小凉山、美丽的泸沽湖和迷人的摩梭风情。这里的每一个景点都是一张名片，每一张名片后面都是迷人的风景。

丽江的地理，充分体现了云南“立体多元”的特色。最高的玉龙雪山主峰海拔高达5596米，最低的华坪县石龙坝乡唐坝河口，海拔只有1015米。最大高差竟然有4581米。一百余个坝子散落在大地上，最大的丽江坝子有200多平方米千米。丽江风光名声在外，很多人心里都向往着这片神奇多情的土地。

不夸张地说，没有到过丽江，将是人生的一种遗憾。

近年来丽江市以“生态立市、环境优先”为发展战略，坚持绿色发展，认真落实生态环境保护措施，强化对重要生态功能区的生态保护和环境建设，严格控制不合理的资源开发活动，以绿色发展推进生态文明建设。

绿色，是生命的底色，也是丽江的原色。绿色之路是丽江生态文明建设走过的一条健康、和谐的发展之路。为了保持健康的生态环境，丽江限制发展工业，充分利用自己的地理优势，走出了一条绿色生态之路。

绿色之路，代表着丽江的希望和追求。绿色，可以让人的眼睛享受来自大自然的祥和、温馨，让人的心灵感受到生机、希望之美，它还意味着健康、和平、环保……著名作家冰心在《绿的歌》这篇散文中曾深情地赞美：“‘绿’是象征着浓郁的春光，蓬勃的青春，崇高的理想，热切的希望……”

当地一位干部告诉我，为了保护丽江的生态和水源，玉龙雪山下十多个准备开发的项目已经全部叫停，资金高达十多个亿。为了推进生态文明建设，丽江也在付出和牺牲。不能发展工业项目，就只能在绿色生态上做文章。

长期以来丽江以“生态立市、环境优先”为发展战略，坚持因地制宜，抓绿色生态发展推进生态文明建设，取得了喜人的成果。丽江的绿色不仅要满足人的眼睛对美的需求，更要和当地百姓的经济发展紧密相关，才能开辟出一条融经济发展与生态环保为一体的道路。

但是，哪些植物能同时满足人类对物质和精神这两种需求？这或许是丽江市委领导在生态文明建设中需要经常思考的问题。

从因地制宜的角度去看，首先进入视野的便是林果和药材。

它们是丽江当地的“土特产”，既可以绿化荒山，又可以带来很好的经济效益，是一条健康环保的生态之路。近年来，丽江着力推进以林果、药材等生物产业为主的生态产业基地建设，已经建成生态产业基地约29.23公顷。

“云药之乡”——玉龙县鲁甸乡的发展便是一个很好的例子。

鲁甸乡位于玉龙县西北部，地处世界自然遗产“三江并流”老君山片区腹地，生物多样性丰富。全乡人口将近两万，主要为纳西、普米、傈僳、彝、汉、藏、白七个民族。这里地理位置比较偏远，自然条件有所限制，不适合发展旅游业，只能发挥自己的优势，走一条药材种植之路。这里低纬度、高海拔的特殊地理环境，造就了得天独厚的药材生长环境。在鲁甸境内，生长着贝母、天麻、当归、半夏、重楼、龙胆、茯苓、五味子、何首乌、木瓜等百种天然植物药材，共计264科2010种，占《中药大辞典》入典药物5767种的34.9%。

比如当地的一种药材木香，被冠名为“云木香”，当地种植的“滇重楼”，是云南白药的主要成分。这里还引进种植东北人参，实现了“北参南移”的创举。目前，这里已经成为全中国黄河以南唯一，也是最大的人参、西洋参种植基地。

目前，鲁甸乡形成了特色化、规模化、产业化的药材经济格局，全乡药材种植面积超过0.4万公顷，95%以上的农户种植药材，年产值将近38亿元。一位丽江朋友告诉我，鲁甸乡种植的药材不打农药，只施农肥，所以其特色和品质都是可以保证的。而且，鲁甸乡药材种植的好处是双重的。一方面为当地的各民族群众脱贫致富带来希望，另一方面也为生态文明建设做出贡献。它为荒山披上新绿，为大地带来希望。不同季节不同种类的药材开出的花朵也很迷人，比如重楼开红色的花朵，如同红色的火苗燃烧在山野。桔梗开蓝色的花朵，代表着爱情的希望与美好。比起来人参的花蕾更显金贵，它种植四年方能开花，而且一棵人参一年只有一朵花。但它的花一样可以成为药材，给种植者带来收益。

研究证明，中药材种植对生态环境的保护和修复，有着积极的作用和明显的效果。鲁甸乡正在运用生态农业生产模式实现中药材绿色发展的道路上不断探索前进。现在很多当地农户家里都种了药材，正在脱贫致富的路上努力。一位当地朋友的家正好在鲁甸，我问起他家里的收入情况，他笑笑说：只要人勤劳肯干，过点小康生活肯定是没有问题的。

真正是山水多情人智慧。只要具备正确的生态观念，再加上因地制宜地开发和利用，青山绿水就可以变成金山银山，为各族人民带来美好的生活。

大美“森林丽江”

保护和发展森林，也是绿色经济的重要内容之一。

近年来丽江市一直在稳步推进“森林丽江”的建设项目，并取得很好的成效。目前森林面积和林业用地面积实现双增长，分别达到约144.93万公顷和约163.33万公顷。全市的森林覆盖率已经达到70.5%，城市建成区绿化覆盖率提高到34%。

以玉龙县为例，我从玉龙县林业局了解到，“十二五”期间玉龙县各项林业工作目标任务均按计划得到落实，成效显著。2013年度荣获“云南省平安林区创建工作先进单位”称号，并在称号动态管理中年年保持先进；2014年10月被中国林产业联合会授予“林药之乡”称号；2015年又列入“全国林业经济发展示范县”。

每一项荣誉的后面，都有辛勤的汗水和不懈的努力。

离丽江市区十多里地的白沙古镇，是木氏土司家族的发源地，北边便是著名的玉龙雪山风景区。因为地理条件，这里也有荒山和近2666.67公顷的石漠化地带。到了春天，有时候会出现飞沙走石的天气。

为了改变白沙镇的生态现状，白沙镇镇政府积极响应丽江市委建设“森林丽江”的口号，近年在绿化建设上做了很多努力，也取得了很多成果。一是在荒地上种植雪松、柏树；二是采用“乔灌草”结合的方式恢复植被，形成既满足生物学特性，又达到较好景观效果的环境。

行进在丽江的大地上，举头看去，蓝天白云是一重景致，可以养眼怡情。放眼处远山、森林又是另一重风景，带给人无尽的诗情画意的享受。如果有幸去到老君山、泸沽湖一带旅行，可以看到更多更美的风景，让你真切地体会到“森林丽江”，不虚此名！

在丽江采访中我的一个体会是，建设“森林丽江”不仅仅是为了绿化荒山这一个目的。还必须和一个地方的经济发展挂钩，与当地百姓的长远利益相结合。这是一种科学的思路和做法，如果既能在大地上生长起大片的绿色森林，又能给当地群众带来实惠，那才是真正的让绿水青山变成金山银山。

所以丽江林业部门的专家们，在如何实现这一目标上付出了很多努力，也取得了可观的效果。他们坚持的是“生态建设产业化、产业发展生态化”的林业发展思路，立足以种植核桃、油橄榄等木本油料树种为重点发展产业，着力推进“森林丽江”的建设。

我在丽江古城区“十三五”林业发展规划中看到加快产业基地建设的目标构想是：发展种植核桃1000公顷、发展油橄榄种植约666.67公顷、发展青刺果种植2000公顷、发展牡丹种植约666.67公顷、发展膏桐种植约666.67公顷。

核桃、油橄榄、青刺果都是丽江乡村常见的植物，现在正在为“森林丽江”的建设贡献着力量。它们蓬勃的身姿、饱满的果实，已经成为丽江大地上另一种美丽的风景。

核桃，是大家都熟悉的乡村植物，也是很多人喜欢的美味。它与扁桃、腰果、榛子并称为世界著名的“四大干果”。它喜光，耐寒，抗旱、抗病能力强，适应在多种土壤中生长，适合在大部分土地上种植。8月的乡村，核桃即将成熟，硕果累累的树上挂满了绿色的希望。

青刺果又名阿娜斯果（纳西语），又叫青刺尖、打油果，是一种多年生的稀有木本油料植物，可以药食兼用。据说纳西族、藏族群众都视青刺果为“吉祥树”和“百花之王”，祖祖辈辈一直沿袭着加工青刺果食用油，并广泛用于民间的医疗保健、护肤、美容，效果十分灵验。民间传说中认为，它对人的健康长寿有着特殊的功效，是神灵赐予人类的宝物。有人说，摩梭人中那些健康长寿的老人，他们都在使用青刺果。它可以让人变得年轻、精神，充满生命的活力。

油橄榄，原产于地中海。它不是普通的植物，有着悠久的历史和古老的传说。早在古希腊神话里，女神们就经常使用它提炼的膏状物。在荷马时代，在一些特洛伊英雄家里也会见到它的身影，作为一种珍贵的软膏来使用。中国直到20世纪60年代，才由总理周恩来访问欧洲时引进种植。1964年3月，周总理在昆明市的海口林场，亲手种下了第一株油橄榄苗。

这些古老的植物，现在已经在丽江的土地上生根、开花、结果，为丽江的生态建设发挥着重要作用。玉龙县的大具乡，就根据自己的地理特点，从2003年就开始选择种植油橄榄树。目前大具乡的油橄榄种植面积已经突破一万公顷，成为当地重要的经济作物之一。

丽江古城区，用以点带面的方法对18个自然村进行核桃产业整村推进示范，全力打造特色“核桃村”。经过多年的发展，18个自然村共发展核桃2666.67公顷。根据市场价格分析，等到全部进入盛果期，18个“核桃村”的收益将突破1800万元。不仅实现了村民增收致富，而且对“森林古城”建设提供了重要保证。

丽江市建设“森林丽江”的做法，有许多值得学习借鉴的经验。既要使荒山披上绿装，让人看得见“绿水青山”，还要把经济效益送到群众家中，让“金山银山”的梦想变成现实。

2016年一年仅大具田园公司、永胜宋泽公司等3个种植点，只是鲜果销售的收入就达到了48万元。油橄榄进入盛果期以后，经济效益将翻倍增长。

还是用数据说话更有说服力：

在“十二五”期间，丽江全面推进生态工程项目建设，对修复生态、保护环境交出了一份满意的答卷：全市林业部门完成营造林约27026.67公顷，陡坡地生态治理约9333.33公顷，石漠化综合治理约7373.33公顷。截至目前，全市森林覆盖率达到了68.48%，林木绿化率达76.28%。

种种辛勤的努力，为丽江的山岭披上了一层绿色，让丽江的青山更加多姿多彩、妖娆妩媚。人与自然的和谐，也在其中。

风情万种的拉市海湿地

拉市海湿地，是来丽江旅游不能不去的地方。

它位于丽江城西面10千米处的拉市坝中部，是云南省第一个以“湿地”命名的自然保护区。经云南省人民政府批准，于1998年正式建立“云南丽江拉市海高原湿地自然保护区”，包括拉市海、文海、吉子水库、文笔水库4个片区，总面积达6523公顷。

“拉市”为古纳西语译名，“拉”意为荒坝，“市”为新，意为“新的荒坝”。云南人的习惯，见面积稍大一点的湖一概称为海，故称其为拉市海，湖面海拔2437米。这是一片风情万种的美丽风景，可以带给你多方位、多角度的收获。

这里水草肥美，湖光山色相映，也是动物、植物的天堂。你可以看到许多从来没有见过的鸟儿，增长丰富的知识。你可以骑着马沿湖行走，感受大自然的绮丽风光。可以到湖面划着小船，看白云在水面倒映的景观。还有玫瑰园的浪漫、湿地公园的清新、沿途村庄的古朴，这里健康、多元的生态环境，可以满足游人多层次的审美需求。

鸟类就是拉市海的常驻生灵之一。

拉市海的主体部分拉市海片区，面积5330公顷，早已成为候鸟的栖息乐园。拉市海湿地共有鸟类57种，每年来此越冬的鸟类有3万只左右，其中特有珍稀濒危鸟类9种，包括青藏高原特有鸟类斑头雁、国家一级保护鸟类中华秋沙鸭、黑颈鹤、黑鹳等等。说这里是鸟类的幸福家园，名副其实。

当地朋友介绍说，这里一年四季都可以看鸟，但是最好的季节是12月至次年的3月。每个冬天会有57种鸟类3万多只从遥远的西伯利亚等地飞到这里来过冬。那时的拉市海将会呈现出热闹的景观，也是风景最美丽的时候。清晨租一只小船漂在湖面，便可以和鸟儿们亲密接触，看它们在天空下面自由飞翔，听它们啼鸣欢歌，享受难得的人与自然和谐相处的时刻。

拉市海的绿色生态内容，在不断拓展和增加。

比如一个精心打造的，带有欧洲风格的丽江雪山花花色玫瑰庄园，就会让来到这里的游客耳目一新。丽江雪山花花色玫瑰庄园，就在拉市海湿地之畔。它是以弘扬丽江雪域花卉文化为主题，打造出的一个绚丽、时尚、创意的花卉文化旅游之地。为拉市海增添了全新的景观。

玫瑰是浪漫与爱的象征，它火红的花朵，能带给人无尽的温馨与爱意。想一想，上千公顷玫瑰花同时盛开，那会是多么壮美的景象。走进花花色玫瑰庄园，仿佛走进了童话的世界，绚丽的花海和沁人心脾的花香会让人沉醉在玫瑰的梦乡。这里的玫瑰的特色在于，它是高海拔、有机食用玫瑰，而且经过雪山之水的泽润浇灌，采用天然肥料生态种植，完全符合生态环保的理念。这里每年可以采摘数十吨的食用玫瑰花瓣，为花花色集团下的花界公司提供天然生态的生产原料。制作成精油、鲜花饼等产品。

或许游客眼中看到的是玫瑰的美丽与浪漫，而它对当地百姓来说，还是增加经济收入、过上小康生活的手段。我在当地一名文化人书写的书法作品中，就看到这样一幅字，上面写着："玫瑰之美，在于能圆乡民小康梦。"这幅字道出了丽江高原玫瑰的真谛。

此外，还有拉市镇的丽江雪桃也值得一提。

丽江雪桃是近年开发出来的新品种，它利用拉市海特有的优越的自然条件、生态条件和气候条件，选用一种玉龙雪山下独有的山毛桃树为砧木，经过多年精心优化培养出来的目前国内较为高档的新型水果。它生长于海拔2500～3000米原生态高原地区，个大皮薄多汁，一般在国庆节前后成熟上市。单是看那鲜艳美观的外形，就让人生出赏心悦目之感。咬一口满嘴流蜜，据说平均单果可以长到500克以上，堪比《西游记》中王母宴会上的蟠桃。

除了漂亮的外形，更重要的是丽江雪桃的生态品质高。当地朋友告诉我，丽江雪桃名声好，一方面它得益于拉市海得天独厚的生态环境，另一方面基地种植时，会严格按照绿色食品的相关标准进行管理，只用有机肥和生物活性肥，不施化肥，吃起来放心。由于海拔高、温差大，丽江雪桃的成熟期长达六七个月。从雪桃开花到结果、成熟、采摘需要半年以上。生长时间长，更显出它的可贵。

所以，丽江雪桃在2007年就已经通过了国家绿色食品发展中心的认证，获得绿色食品生产证书。有33项技术指标优于国内其他桃类品种。丽江雪桃，完全可以称为水果中的极品。

春天到拉市海，如果时间凑巧，可以观赏到万公顷雪桃桃花盛开的壮观景象。10月金秋到丽江旅游，在观赏拉市海美丽风光的同时，还能品尝玫瑰鲜花饼，尝到丽江雪桃的美味，那将是一次完美的旅行。

拉市海湿地的内容，正在变得更加丰富和厚重。

拉市海湿地，是丽江一张生动的生态名片。

三、走金山银山富民路

在建设生态文明的时代潮流中，云南的绿水青山都是大好的生态资源，在云南各民族人民的努力奋斗下，它们正在转化为金山银山，变成财富。绿水青山多姿态，风流人物看今朝。我在丽江市、德宏州进行了比较深入的考察和采访，在它美丽的土地上看到了许多充分利用智慧，开发生态建设取得成就的生动实例。是云南生态文明建设中，让绿水青山变金山银山的缩影。也是习总书记科学论断在现实生活中具体实践的体现。

华坪：一个工业强县的生态变迁

丽江华坪县，是一个生态文明建设取得突出成就的地方。

作为丽江市的一个工业强县，华坪在生态文明建设上的努力和追求，确实能体现出自己的特色和优势，有许多可以总结的经验和教训。

华坪有很好的资源优势和区位优势。它位于云南省西北部，丽江市东部，金沙江中段北岸，面积2200平方千米，在1500～1800平方千米的面积内蕴藏着大量的煤炭资源。四乡四镇均有分布。当地一位干部对华坪的矿产资源如数家珍，张口就说出：很有开采价值的有煤炭、石灰石、铝矾土、石墨矿、白云石、花岗石等等。华坪作为全国200个重点产煤县之一，其煤炭为滇西地区所独有。现已探明的储量达1.3亿吨，远景储量3.0亿吨。

除了煤，华坪的水能资源也十分丰富，境内就有新庄河、乌木河两大河流，目前已建成小水电站32座，总装机91656千瓦。总之，华坪是滇西地区最重要的能源供应基地，还是邻省四川省攀西地区重要的煤炭供应基地，在区域能源供应格局中占有极其重要的地位。

良好的区位优势，丰富的矿藏资源，为华坪工业经济的发展带来极为有利的条件，同时也给生态文明建设带来巨大的压力。

提起华坪，它的变迁令人感叹。

如果时间能倒流，十多年前华坪的生态是非常让人堪忧的。在片面追求经济效益的时代，小煤矿的无序开采曾经给华坪的生态带来了很大破坏。当地一位朋友给我形容说："如果你那个时候来华坪，绝对待不住。一遇上刮大风的天气，满天都是煤灰在飞，眼睛都睁不开。说实话，有钱的人都想去丽江买房子，不想在华坪住。"

更严重的后果是：只有经济利益的驱使，根本没有考虑生态效益和社会效益。已经导致许多老矿区荒山野岭，树木、水源枯竭，许多村庄形成空壳村……过度的乱采滥伐，不注重环境保护，为引发沙尘暴、泥石流、山体滑坡等自然灾害埋下相当大的隐患。

事实证明，一个地方的发展总是要在付出相应的代价、经历阵痛之后，才会引起人们的重视与思考。家乡生态的恶化让人心痛，也引起当地政府的深思：华坪生态应该向何处去？

为此，早在1996年华坪县委、县政府就曾经提出“黑色产业起家、绿色产业发家”的发展思路。党的十八届三中全会的召开，更是为华坪的生态环境发展指明了方向：“紧紧围绕建设美丽中国、深化生态文明体制改革，加快建立生态文明制度，健全国土空间开发、资源节约利用、生态环境保护的体制，推动形成人与自然和谐发展现代化建设新格局。”

华坪作为全国200个重点产煤县之一，云南省工业强县，丽江经济的工业园区，搞好生态文明建设不仅是华坪推动科学发展、和谐发展、跨越发展的重要举措，更是工业强县“推进绿色发展、循环发展、低碳发展”，构建“和谐华坪、富裕华坪、美丽华坪”的首要任务。

思想明确了，行动就有了方向。华坪的发展开始进入一个重视生态、发展生态的全新时代。如何推进产业结构转型升级，把华坪建设成“山水园林城市”，争创“省级园林县城”，成为目前华坪人具体而明确的奋斗目标。任重道远，华坪人在努力。

华坪是一个让人心动和向往的地方。现在来到华坪，进入眼帘的是一片郁郁葱葱的景象。大地上的树木欣欣向荣，预示着这方土地的新变化。其中很多是给华坪带来新希望的芒果林，它们一路铺展，给大地披上了一层新绿。隐约之间我似乎已经闻到了芒果的芬芳。

7月28日来到华坪，我看见丽攀高速公路沿线有许多穿着红马甲的身影在晃动。先以为是养护工人在修路？可是细看又不像。诧异之间才听一位当地朋友说，他们不是公路养护工，而是华坪县的机关干部在种树，在为绿化荒山、美化家园而挥汗如雨地劳动着。

当天华坪是阵雨天气，最高气温33摄氏度。忽而烈日炎炎，忽而雨从天降。但是那些身影却依然执着地奔走在种树的现场。不由让人感叹：为了家乡的绿化，华坪人也是拼了！

或许正是因为他们有“拼”的精神，才会让华坪的生态改观，带来今天全新的变化。后来从相关部门了解到，为促进生态文明建设，华坪县每年都要开展全民义务植树活动。今天看到的也是一次规模比较大的植树活动，县直机关89个单位一共出动2452人，人均植树10株，绿化面积达13.73公顷。

这只是华坪重视绿化的一个侧面，却给人留下深刻的印象。我似乎开始理解了华坪的变化。在华坪，全民义务植树已经成为一种光荣的责任和使命。通过各级各部门的广泛宣传，华坪人对“绿水青山”与美好家园的关系已经有了深入的理解，所以才会以积极的态度投入植树活动之中。在这里，植树不是做表面工作，而是切切实实的任务。为此，县里专门成立了绿化工作委员会和督查小组，对各单位的义务植树情况进行检查核实，对种植的苗木进行追踪。如果有未成活的情况要及时进行补种，保证每一棵树木种下去都能成活。

我问一位当地朋友，种树累不累？他笑着说：“说不累是假的。平时不大干体力活，种一天树下来还是有些疲劳。”他话锋一转又说：“但是累一点也是值得的！绿化自己的家乡，我们不累谁来累？再说这些年华坪生态的变化，也让很多人知道了植树的重要性。前人种树后人乘凉嘛……”在他哈哈的笑声中透着爽朗。

华坪县对生态建设的重视，确实是具体而实在的。近年来全县加强生态产业建设，大力开展植树造林，全县国土绿化步伐进一步加快，在绿色生态建设道路上做出了活动成绩。用数字说话或许更具体一些，到目前，全县已建成以芒果、核桃、花椒、茶叶为主的生态产业约6.07万公顷，森林覆盖率达70.16%。再具体一点，其中包括核桃产业基地建设约4.67万公顷，芒果产业基地约1.13万公顷，茶桑种植面积约0.27万公顷，花椒种植面积约0.33万公顷，全县实现林果产值6亿余元。

从这些数据中可以看到，华坪的发展是把绿色生态建设作为发展的主要方式和手段，并且取得了很好的成效。

比如华坪芒果，就已经形成一个有影响的水果品牌。

我在丽江采访时，不时听到朋友告诉我华坪的芒果很有特色，值得尝尝。而且说芒果种植在华坪已经形成产业，是生态文明建设的一个很好的例子。因为华坪产煤、开矿，对生态的影响比较明显。现在大量种植果树，一方面可以对生态进行修复和保护，另一方面还可以增加当地百姓的收入。这是一举两得的大好事。

之前一位丽江的诗人朋友来看我，从挎包里拿出几个大芒果给我，说这是她的朋友从华坪带来送给她的，让我先尝尝。那几个芒果的个头和色彩都让人惊讶，让人更想把它们捧在手中细细把玩，而舍不得吃下。

终于见到了传说中的华坪芒果产地时，更是让人惊喜。大片的芒果林像绿绸缎一样铺展着，昔日的荒山已经变成了聚宝盆。当地朋友介绍说荣将镇有一个地名叫“果子山”，那里的芒果林有上万亩之多，开花、结果的季节景象非常壮观。现在的“果子山”是万亩晚熟芒果种植基地，也是华坪人“买荒山种芒果”的真实写照。当地人戏称，它和孙悟空的花果山有一拼呢！

华坪芒果到2015年底已经形成了6个千亩优质晚熟芒果示范基地、22个百亩科技示范园、4个芒果科技示范村，全县芒果种植面积达1.23万公顷，挂果面积达0.72万公顷。在芒果飘香的季节来华坪，真的可以大饱口福。但是我也有些担心，生产出这么多芒果，销路如何？卖得出去吗？

一位当地的水果批发商说，根本不用担心。华坪芒果和一般芒果不同，它有“成熟期晚、风味独特、色泽鲜艳”三大特点，早就远销到北京、上海、沈阳等全国大中城市去了！真正是皇帝的女儿不愁嫁。

优质，晚熟，这是华坪芒果的特色和优势。全国只有华坪11月份还有晚熟芒果。华坪芒果正好可以避开广东、海南等早熟芒果上市的时节，占据我国晚熟芒果的主导市场。

再听听那些名字，就可以想象到华坪芒果的风采：爱文、台农、圣心、凯特、红象牙，它们的身世可不一般，是从引进的53个品种中层层筛选出来的晚熟品种。2013年的最后一天，华坪芒果还得到国家质量监督检验检疫总局的认可，在2013年第190号公告中宣布：“华坪芒果”地理标志产品申报成功。这意味着华坪芒果已经成为芒果市场的一个名牌产品。

华坪的果农只要提起芒果，就会高兴地告诉你：芒果树就是摇钱树、发财树，芒果就是金果果，让我们走上一条致富路。

站在华坪的芒果林里，吹着清凉的风，心会变得格外宁静。

此时才真正体会到了习总书记说的“绿水青山就是金山银山”这句名言的现实意义。华坪县地处金沙江干热河谷地区，光照充足，热量丰富，昼夜温差大，非常适合芒果生长，得天独厚的自然条件使华坪生产的芒果具有鲜明的特色。和别处的芒果比，华坪芒果不但个大、皮薄、营养含量高，因为生长季节光照充足之故，果实的色彩也非常鲜艳诱人。不同品种呈现出紫、红、橙、黄等色彩，收获的季节走在华坪街头，五颜六色的芒果美味诱人，形成了华坪一道特殊的景观。

华坪芒果的例子告诉我们，绿水青山要变成金山银山，就得努力开拓，在生态文明建设的路上不断探索、不断创新。

华坪人爱唱一首名为《芒果姑娘》的歌，它唱出了人们对芒果的喜爱，和建设美好家园的希望与信心。

走进金色的华坪/走进多彩的画廊
山坡上丰收的果园/洒满了温暖的阳光
走进芒果的故乡/走进美丽的天堂
风儿裹着蜜糖/河水也轻轻歌唱
芒果姑娘、芒果姑娘
你是我的月亮/你是我的太阳
……

“三股水”的致富路

玉龙县龙蟠乡走的则是农业、旅游业同步发展的绿色之路。

龙蟠乡位于玉龙县西北部，玉龙雪山西麓，地处金沙江畔。东与玉龙县大具、白沙相连，南与拉市、太安、九河、石鼓等乡（镇）相接，西北与迪庆藏族自治州香格里拉市虎跳峡隔江相望。是一个集河谷阶地、山区、半山区于一体的农业乡。据乡宣传委员和晓华介绍，龙蟠乡因为地理条件的因素决定，第一产业是农业，乡民主要种植辣椒、大蒜、水果，还发展养殖业。第二产业为服务业，部分村民外出打工。近几年龙蟠乡特殊的地理位置得到充分的开发利用，第三产业——旅游业开始兴旺发达起来。

在玉龙县委宣传部余娅副部长与和晓华带领下我来到龙蟠乡兴文村委会的宏文组，了解、感受这里的生态旅游发展情况。其实这个村还有一个更通俗的地名——三股水。一道长长的峡谷里，果然有三股清冽的泉水自山上奔流而下，溅起一路清亮的水花。

三股水景区其实是位于金沙江畔的一个村庄，地形地貌独特。全村由三条大沟分割成三个山寨，村落大多依山势而建，溪流沿村而过，流入不远处的金沙江。丽江三股水，名副其实。三股水（宏文组）冒金地还是茶马古道重地，依山傍水，风情自然纯朴，有开展旅游的环境优势。历史上，这里地处进入藏区的滇藏线，也是通往周边各大景区的必由之路。

在这里可以欣赏优美的山水、峡谷和田园风光，还有长江第一湾的壮阔。游客来到这里，可以享受一场视觉与精神的盛宴。绿水青山近在咫尺，放眼就可以看到金沙江的身影宛如长龙，在崇山峻岭之间奔涌而去。这里险峻的地势和美丽的风景结合得如此完美，让人的身心可以得到刺激和放松，安享一种返璞归真的快乐。村里还打造了一个以茶马古道为主题的展示园区，可以参观民居建筑和纳西族民族文化展览，了解到一些关于茶马古道的历史文化。在这里，生态文明是具体而形象的存在。

但是美丽的风景不可轻易亲近，要想到达对面峡谷观赏“三股水”飞流而下的景象，进入景区后先得经历一番“考验”。你可以选择坐索道，在惊险与刺激中体会大自然的壮美多姿。或者走“玻璃廊桥”，那是另一种惊险与刺激。回归自然怀抱，就是要彻底放松身心。

然后就可以一路顺山箐而下，听流水潺潺，看满山的绿色植物铺展出浓郁的诗情画意。还可以走近附近农家的庭院，感受他们淳朴自然的生活。几乎每一家的院子里都被绿色包围着，各种植物爬满篱笆，瓜果的清香沁人肺腑。一些人家的门前还摆着一篓篓自家树上结的果实，出售给游人。红的有桃子、番茄，紫的有葡萄，还有黄的李子、绿的梨子，让人可以一路分享农家人的收获。

龙蟠乡走的是一条以“旅游为业为主，其他产业协同发展”的多元化发展道路。在开发旅游业增加收入的同时，保护山林、大地，修复生态环境，也是乡民的义务和责任。这里还成立了“油橄榄种植专业合作社”，既为山岭披上新装，又为乡民增加收入。

三股水只是龙蟠乡的一个小组，但已经可以感受到龙蟠乡在生态文明建设中所做的努力。那些来自天南海北的游人，到了这里无不为这里的自然生态优势发出感叹：太美了！太壮观了！

三股水，出于青山怀抱，是大自然的神奇馈赠。在一个重视生态文明建设的时代，在各民族群众的努力下，正展现出全新的容颜。

芒市，“遮放”贡米的模式

遮放贡米，产于德宏州芒市遮放镇，名声早已飞出了遮放。

它的色泽白润如玉，做出饭来清香可口，而且营养丰富。传说从元朝起，就被历代王朝指定为潞西土司的进贡之物。中华人民共和国成立后，因为其品质超群，又被国务院定为接待外宾宴会用米。

在德宏生态文明建设的过程中，作为农业品牌之一的遮放米将会起到什么样的作用，发生什么样的变化?

在贡米之乡遮放镇，我见到了“和谐稻乡、秀美遮放”欢迎你的标语，这个标语恰好把遮放镇的特色凸显了出来。这个镇位于芒市西南部，国境线长8.1千米。傣族、景颇族、德昂族、傈僳族、阿昌族占总人口的85%，是个典型的传统农业大镇。同时也是个拥有很多荣誉的乡镇，它是云南省卫生乡镇、云南省生态乡镇，还被确定为云南省现代农业型特色小镇。2014年被评为云南省宜居小镇，全国“一村一品”示范村镇，2015年认定为全国13个“大学生生态文明教育实践基地”之一，是云南省目前荣获此殊荣的唯一特色镇。

在这些荣誉背后，可以感受到遮放镇各族人民为建设好家乡而付出的辛勤劳动。放眼望去，远处是起伏的山峦连接云天，近处是一片绿色的秧苗在风中荡起波浪。小镇和田野的距离如此近，似乎能闻到贡米的芬芳。建设成一个有特色的生态田园小镇，宜居而又诗意，已经是遮放镇的美好现实。

在遮放镇的宣传员夏婷的带领下，我终于来到了传说中的遮放贡米生产基地。去亲自体验和感受贡米生产基地的田园风光和山水风貌。汽车在村寨中穿行着，一路都是青山绿水，一路都可以呼吸到清新的空气。鸡、鸭、牛、羊在路边各行其道，乡民家的果树上挂着累累果实。让人真实地体会到了遮放镇所追求的“一村一业，一村一品，一村一特色”，也看到了遮放镇在发展不同产业，为脱贫攻坚开辟绿色通道方面取得的成果。

遮放米基地藏在深山中的一个小坝子里。近处有荷塘、亭子为景，远处有青山为屏，中间是大片种植贡米的水田，刚一到这里就感受到了绿色生态农业的特色。从路边的石碑上看到，这里还是中国绿色食品发展中心、中国水稻研究所等单位的“应用验证示范基地”。片片绿色的秧苗铺展开去，为大地披上了一层新的绿装。这绿色，如此让人赏心悦目，生出回归自然怀抱之心。

在这里见到了遮放贡米集团有限公司副总经理沈加碧先生，他详细地介绍了遮放贡米目前的生产情况，其生产和经营模式都体现了现代农业的特色。他说公司是按照“公司+基地+科技+农户+合作社”的经营模式，从事的不仅仅是贡米的种植，还包括科研、加工、销售和副产物的深度开发利用。和从前一家一户单打独斗的传统种植方式相比，这个公司已经具备了一种令人赞叹的现代化管理格局。所以，在遮放贡米的社会影响后面，体现出的是现代科技的含量和现代人的智慧。今天水田里那些绿色的秧苗，明天就会成为洁白如玉的大米。还将在绿色生态农业的发展中起到引领作用。

目前遮放贡米生产种植的绿色、有机特色，已经为它带来了广泛的声誉和影响。远的不说，最近的2015年，在全国首届（2015）中国“优佳好食味”有机大米十大金奖品评争霸赛中，就一路过关荣获金奖。同年10月，遮放贡米品种又被世界纪录协会认定为世界上株高最高的水稻。

一路走来，它的身上已经挂满荣誉的勋章。

我在展览室里见到了传说中“世界上株高最高”的水稻，大约只有姚明那样的人才可以和它一比高低。

现在还不到收获的季节，但是我相信那片片绿色的秧苗中孕育着秋天的希望。遮放贡米，在芒市绿色生态农业的发展中会一直发挥好品牌的引领作用。

沈副经理说遮放贡米品质好，和它身处的自然环境有密切关系。首先是山好水好人好，才能种植出好米来。他说距离贡米生产基地不远处有个村子叫芒棒村，那里就有个传说中的“瑶池”。

所谓“瑶池”其实是个温泉，神奇的是它藏于一株硕大的古榕树之下，是天然的树生温泉。而且泉水左冷右热，露天水温可达40摄氏度。过去，这里曾经是傣族土司沐浴的地方，所以又叫龙池。那株高大的榕树也是一景，它的根须常年浸泡于热水之中，却不会受到伤害。当地人说，入浴时人可以钻入树下的暗池，托身于大榕树的根须，一边享受“瑶池蒸”，一边还可以倾听树上的鸟儿唱歌。这是何等生态、自然的享受！

也只有这样清雅的自然环境，才能生产出遮放贡米那样的名品。

遮放镇已于2009年获得省政府命名的生态文明乡（镇）称号，2014年又开始申报国家级生态文明乡（镇）。当地人说，通过生态乡（镇）创建，山更绿了，水更清了，气更净了，村更美了，乡村环境面貌焕然一新。走在芒棒的村道上，更能体会到这种变化。路旁边的水沟里水流潺潺，家家院墙上都有花草点缀，乡村的日子开始流淌出诗情画意。

这样的环境中生产的稻米，一定带有山野的风格，带着大自然的体温和气息。所以它才可以征服世界的味蕾。

贡米之乡，不虚此行。

第五章　保护好云岭绿水青山

“七彩云南保护行动”的主要内容，概括起来就是：“环境法制、环境治理、环境阳光、生态保护、绿色创建、绿色传播、节能减排。”早在2007年就在全社会全面实施，对促进云南环境的发展，提高全社会公民的环境意识，功不可没。各州（市）政府、各有关部门和社会各界积极响应，越来越多的个人和单位在环保领域发挥了积极作用。

一、七彩云南的环保行动

在生态文明建设过程中，整个社会形成保护环境的观念尤其重要。正确的观念建立起来，才能让环境保护落到实处。这是相辅相成的关系。

习近平总书记走到哪里，就把建设生态文明、保护生态环境的观念讲到哪里。这充分说明了搞好生态文明建设的意义、高度和重要性。他多次强调：生态文明建设同每个人息息相关，每个人都应该做践行者、推动者。要加强生态文明建设宣传教育工作，强化公民环境意识，推动形成节约适度、绿色低碳、文明健康的生活方式和消费模式，形成全社会共同参与的良好风尚。

云南在环境保护方面，一直有比较自觉的意识和行动。

早在2007年就在全社会全面实施“七彩云南保护行动”，主要内容概括起来就是：“环境法制、环境治理、环境阳光、生态保护、绿色创建、绿色传播、节能减排。”对促进云南环境的发展、提高全社会公民的环境意识，功不可没。全省各州（市）政府、各有关部门和社会各界积极响应，越来越多的个人和单位在环保领域发挥了积极作用。

2009年，为了广泛宣传环保先进人物的事迹，引起全社会对环境保护的重视，又专门举办了“首届七彩云南保护行动环境保护奖”的评选活动。评选活动由中共云南省委宣传部、七彩云南保护行动领导小组办公室主办。是首次在云南全省范围内开展的一次大型环保宣传活动。这次活动通过公开报名、州（市）推荐、个人自荐，再由媒体公示、公众投票、专家论证，活动历时两年之久。最终评出环保杰出人物特别奖 1 名、十大环保杰出人物、环保事业支持奖 6 个、环保事业支持奖特别奖 1 个。对唤起和引领社会各界和广大公众更加自觉、更加主动地投身于环保事业，起到了积极的作用，产生了广泛的社会影响。

“从我做起、从现在做起、从身边小事做起”，为七彩云南保护行动贡献力量，是这些环保先进人物的理想和追求，也是云南环保事业的真实写照。

保山地委原书记杨善洲获“环保杰出人物特别奖”，西双版纳傣族自治州景洪市第四中学学生刘思宇、昆明市西山区巾帼志愿者打捞队全体队员等当选“十大环保杰出人物”，丽江市能环科普青少年绿色家园等6个单位获“环保事业支持奖”，云南驰宏锌锗股份有限公司获“环保事业支持奖特别奖”。

在所有获奖者中，杨善洲是最特别的一个。

第一，他已经于2010年10月10日病逝，不能亲自前来领奖，只能由他人代领。第二，他的身份特别，曾经担任保山地委书记等职务，位居厅级。第三，他的事迹特殊，作为一个厅级干部，退休之后不去城里安享晚年，却扎根大亮山中，带领大家植树造林0.37万公顷，而且将价值近3亿元的林场无偿捐赠给国家。第四，他的荣誉多、影响大。退休之后，因为贡献突出，杨善洲先后获得“全国绿化十大标兵”“全国绿化奖章”“全国环境保护杰出贡献者”“全国老有所为先进个人”“2011年感动中国十大人物”等荣誉，被誉为“活着的孔繁森”，他的事迹感动了很多人，产生了广泛的社会影响。根据他的事迹拍摄的电影《杨善洲》，由李雪健担纲主演，是向中国共产党建党九十周年的献礼影片。

现在的“善洲林场”，满山可见郁郁葱葱的苍松翠柏，还生长着大树杜鹃、云南樱花、红花木莲、桫椤等植物，森林覆盖率达到了97%，是“国家生态文明教育基地”和“云南省杨善洲精神教育基地”。

杨善洲虽然离开了这个世界，但是他热爱环保的精神已经化成春风细雨，滋润着故乡的大地和后来者的心灵。他是云南环保的先行者和永远的榜样。

对广大群众来说，榜样的力量是无穷的。生态文明建设是一项长远的事业，需要一代代人前仆后继、共同努力。同时，环保的理念也需要社会持续倡导和宣传，形成良好的气氛。

2017年6月5日，是第46个世界环境日。

它反映了世界各国人民对环境问题的认识和态度，表达了人类对美好环境的向往和追求。设立世界环境日，就是要提醒全世界注意全球环境状况和人类活动对环境的危害，强调保护和改善人类环境的重要性。今年世界环境日中国的主题是“绿水青山就是金山银山”。目的就是为了引导公民建立起尊重自然、顺应自然、保护自然的观念，自觉践行绿色生活，共同建设美丽中国。

6月5日这一天，七彩云南掀起了一个环境保护宣传的热潮。

在云南边疆的山山水水间，生态文明建设的观念已经深入人心，勇于创新已经成为良好的社会风气。一个最好的证明就是，在6月5日生态环境日这一天，云南全省各州（市）、县（区、市）都闻风而动，为宣传生态文明建设各出新招，开展了一次次火热的宣传活动。

先看省会昆明：云南省“6·5”环境日系列宣传活动在昆明市博物馆举行。相关领导、环保志愿者、省级绿色单位、媒体和获奖人员代表以及社会各界人士600余人参加了宣传活动开幕式。活动内容丰富多彩，有云南环保集邮展，有环保志愿者绿色骑行；为省级命名的绿色学校、绿色社区、环境教育基地授牌，为“环保小卫士”颁奖；还有以“云南蓝·环保诵”为题的朗读。一系列生动活泼的宣传，目的就是为了唤醒、引领、推动大众的生态意识，让先进的生态观念深入人心。同时还有一个以“争创全国文明城市·践行时尚绿色生活”为主题的宣传活动，在呈贡区洛龙公园广场举行。活动的宗旨是为了正面引导社会舆论，倡导绿色发展理念，让更多人自觉践行绿色生活，积极支持和参与环境保护工作。

除了丰富多彩的文艺活动，组织者还别出心裁，请来环保工作人员在现场用环保专业仪器测试洛龙公园空气中的PM2.5，结果显示仅为12.7微克/立方米，这个结果说明呈贡区的空气质量很好。通过宣传活动，参与的市民纷纷表示受益良多。良好的自然生态环境需要每一个人的参与和珍惜。

美丽的西双版纳在环境日的宣传上也体现了自己的特色。

党政干部带头，社会各界参与，一系列的环保宣传活动搞得有声有色。6月4日，由共青团西双版纳州委、景洪市环境保护局主办，西双版纳州三叶草志愿者协会、景洪市创管咨询中心、西双版纳公益小天使承办，在澜沧江畔举行了2017年“留住蓝天碧水，我们在行动”

大型公益环保主题宣传活动，目的是通过活动，促进青少年生态环保意识的建立。6月5日，又在州里各市（县）的中心广场，举行了宣传环保法律法规和环保知识的活动，而且专门设立了环保咨询台，接受群众对生态、环保的咨询。还向群众发放各种环保宣传资料和实用的环保购物袋、环保遮阳帽及小学生用的环保作业本。让环保的理念深入人心。

楚雄彝州的环境日宣传活动也搞得有声有色。

由楚雄州生态文明体制改革专项小组办公室牵头，州和楚雄市生态文明体制改革专项小组近50家成员单位以及驻楚10余家绿色学校、绿色社区、重点企业的150余名工作人员，在桃源湖广场集中开展"6·5"环境日宣传教育活动。

彝州的活动不止限于6月5日这一天，而是把时间延长为一周，从6月5日至11日为宣传周。在此期间彝州的九个县市各自结合本地实际，围绕水、大气、土壤污染治理和生态环境保护工作等重点，同步组织开展形式多样、富有特色的环境保护宣传教育活动。牟定县还开展了"呵护绿水青山　建设美丽家园　共创生态文明"主题倡议活动和"我为环保建言献策"活动。

这样的活动，通过推进生态文明建设、宣传弘扬环境文化，对提高广大市民的环保意识作用是明显的。所有的目标就是一个：建设一个美丽的新彝州。

把目光投向遥远的雪域高原香格里拉。

6月5日，迪庆州环保局联合维西县环保、公安、林业等部门在维西县念萨街广场开展"6·5"环境日系列宣传活动。维西县人民政府张素娇副县长在活动现场致辞，并宣读《维西县创建省级生态文明县倡议书》。活动现场，小学生代表宣读了环保倡议书，倡导公众积极参与环保志愿公益活动，从我做起，从身边做起，在每一个微小的行动中践行绿色生活，共同做生态文明建设的宣传者、引领者、推动者。参加活动的市民和志愿者们则以签字的方式表示支持。

维西傈僳族自治县县境在三江并流地带，风景优美，自然资源丰富。近年来维西县紧紧围绕“生态立县”战略部署，坚持以人为本，认真贯彻落实国家环境保护的方针政策和法律法规，大力整治污染，保护环境，取得显著成效。一个“天蓝、地绿、水净”的维西正在展露出她美丽的容颜。重视生态和环境保护在维西已蔚然成风。

再看向红河彝族哈尼族自治州。

红河州环境保护局从“6・5”前夕开始举办了形式多样、内涵丰富的系列环保宣传活动，旨在让更多的人了解环保、关心环保、支持环保和参与环保。动员引导社会各界牢固树立“绿水青山就是金山银山”的意识，尊重自然、顺应自然、保护自然，自觉践行绿色生活，共同建设美丽中国。

边境城市河口，还在县街心花园广场举办了“6・5”环境日宣传活动。活动由红河州环境保护局主办，河口县环境保护局承办。这是一个国际性的环境日，越南老街省资源与环境厅党组副书记、副厅长黎玉阳一行8人应邀参加了宣传活动。通过活动，可以促进红河州环境保护局与越南老街省资源与环境厅的环保交流合作，也能有力促进河口边境口岸地区公众环保宣传教育工作。

素有“三七之都”美称的文山，环保宣传也不落后。

6月5日这天，文山市环保局开展了多种形式的环保宣传活动，而且形式独特而别致。市环保局特别邀请实验小学的46名环保小卫士，统一着装，佩戴“环保小卫士”绶带，上街为行人分发环保宣传资料。

这样可以提高学生参与环保的热情，从小树立起环保意识。鼓励他们保护环境从身边的小事做起，从小养成绿色出行、节约资源、爱护环境的好习惯。

曲靖市师宗县，环境日这天通过电视宣传、悬挂横幅、发放宣传资料和环保袋、设立环保宣传点和咨询台等方式，大力宣传新出台的环保法律法规和节能环保的生活方式，积极倡导群众自觉从我做起，从身边的小事做起，养成尊重自然、顺应自然、爱护自然的节约意识、环保意识和生态意识。

地处滇东北的昭通市永善县，也精心组织策划了一场“2017年世界环境日广场文艺演出”。它的特色在于并非由专业演出团队表演，节目都是由县环保局和民间业余文艺团队自己创作、编排，目的就是向广大群众宣传“践行绿色生活，共建生态家园”的环保理念。

……

可以说在2017年“环境日”这一天，云岭大地的很多州（市）、县（区、市）都在行动，通过各种生动活泼的方式宣传生态文明建设的知识，让环保理念深入人心，让争做生态文明建设排头兵的理想深入人心，成为社会成员自觉的行动。

我不可能把全省所有州（市）环境日的活动全部描述出来，我只知道为了让社会树立起正确的生态意识和环境保护意识，全省的环保部门都在行动。生态文明的宣传教育活动，不是一朝一夕之事，而是一个长远的理想和奋斗目标。养成绿色低碳、文明健康的生活方式和消费模式，需要全社会的共同努力。为了这个目标，七彩云南在行动，七彩云南在奋斗！

二、让云岭山水放异彩

保护好中国的大好河山，让绿水青山成为我们永远的家园。保护好云岭山水，让红土高原永远拥有美丽的风景，这是每一个生活在这个时代的人所追求的理想。生态环境的保护，应该成为一种理想，也是一种科学的发展理念。

2017年5月26日下午，中共中央政治局就推动形成绿色发展方式和生活方式进行第四十一次集体学习。中共中央总书记习近平在主持学习时强调：改革开放以来，我国经济社会发展取得历史性成就，这是值得我们自豪和骄傲的。同时，我们在快速发展中也积累了大量生态环境问题，成为明显的短板，成为人民群众反映强烈的突出问题。这样的状况，必须下大气力扭转。

正视生态文明建设中存在的环境问题，需要勇气。为了推进环保的进步，保持美好河山的洁净，中国政府一直在努力。环境的保护还和科学的治理紧密相连。“三个十条”的出台，就是最好的证明。

大气环境，关系到蓝天白云的美丽景色，更关系到每一个公民的身心健康。2013年6月14日，国务院召开常务会议，确定了大气污染防治十条措施。“大气十条”是我国政府在对当前大气环境形势科学判断的基础上做出的一项重大战略部署，为全国大气污染防治工作指明了方向，成为我国大气污染防治工作的纲领性文件。

水是万物之本，水环境保护事关人民群众的切身利益，事关全面建成小康社会，事关实现中华民族伟大复兴中国梦。2015年2月，中央政治局常务委员会会议审议通过“水十条”，4月2日成文，4月16日发布。

还有我们脚踩的大地，土壤是经济社会可持续发展的物质基础，关系人民群众身体健康，关系美丽中国建设，保护好土壤环境是推进生态文明建设和维护国家生态安全的重要内容。2016年5月28日，国务院印发了《土壤污染防治行动计划》，简称“土十条”。这一计划的发布可以说是土壤修复事业的里程碑事件。

这三个“十条”，共同构成了三大行动计划。使大气、水和土壤污染防治得以同步进行，在中国打响了大气、水、土壤三大战役。为了大地的洁净，重还山河以美丽容颜，七彩云南也在努力。云南早已从生态文明建设中悟出一个道理：良好的生态环境，是云南发展进步的宝贵财富。打好这三大战役，对云南生态的保护与发展，将是一个重要的推进。

比如云南的水生态环境，就面临许多亟待解决的问题。

先让我们一起来了解一下云南的水资源。有人说“水是生命之源”，有人说“河流是大地的血脉”。一个人人皆知的基本常识告诉我们，一个人离开水、人类离开水将无法继续生存。科学家告诉我们，地球是太阳系八大行星中唯一被液态水覆盖的星球。但是这个说法也会让很多人产生一个错觉，以为地球上的水是取之不尽、用之不竭的资源。其实地球上的水绝大部分是咸水，主要分布在海洋之中。适合人类饮用的淡水，只占地球水总量的2%。这是一个让人吃惊的数据，人类所拥有的淡水数量并不是我们想象中那么丰富。而且更让人吃惊的是，这只占地球总量2%的淡水，也不是全部可以为人类所用。比如南北两极的冰川、不可开采应用的地下水等等，又耗去了它的大部分，人类所能使用的仅是河流、湖泊中的水，而它们只占了地球淡水总量2%中的0.04%。

不知道读者诸君听到这组数据之后的心理感受如何，我自己的确是非常非常惊讶。水，这大地的血脉，原来并非如我们所想象的那般丰盈。

有限的水资源，不断增长的人口数量，不断发达的工业社会，这是全世界所有国家都需要面对的突出问题之一。我们不但要正视水资源的匮乏，还要面对工业时代带来的污染、变异、水质下降等诸多与人类生存息息相关的现实问题。

云南位于中国的西南高原，具有立体多元的地形地貌和物产资源。水利资源也是如此，呈现多姿多彩的状态。一方面云南的水资源并不贫乏，在全国位居第三。很多人可能不知道，在云南高原起伏多姿的大地上，流淌着径流面积100平方千米以上的河流就多达数百条，想一想这是多么壮观的景象！河流如同大地的血脉，纵横交错，在红土高原上交织出一片生机勃勃的图画。它们千年流万年淌，让生命得到传承，让大地一片新绿。水，是红土高原上的生命繁衍生息的重要源泉。据有关部门统计，云南省多年平均降水量为1278.8毫米，水资源总量为2210亿立方米，排全国第三位，人均水资源量近5000立方米。

在发展进步的工业化时代，丰富的水能资源正在为云南的发展进步做出重要贡献。比如在国家战略中重要的“西电东送工程”中，云南的水能资源就发挥了重要作用。自1993年的“第一送”至2014年，21年中云南电网公司累计送电超过3500亿千瓦时，为国家资源的优化配置和东西部省区的协调发展贡献了力量。[1]云南各地水电站的兴起，也促进了地方经济的发展，实现了以水造福人类的梦想。

另外，云南的水资源也有着“立体多元”的特色。因为红土高原独特的地形地貌所决定，云南的水能资源分布并不平衡，主要分布于云南西部和北部，东部和南部次之，东北部地区则比较少。另外，坝区的水能资源明显优于山区。除此之外，时间上也有分布不均的情况，每年的5月到10月为云南的雨季，降雨量充沛；冬春季节则是比较缺水的季节。

因为地理地貌和其他原因，即便云南拥有水资源量位居全国第三，2010年仍然遭遇了百年不遇的大旱，让云南人真实地体会到水的珍贵。相信关于那次大旱，在很多云南人心里仍然记忆犹新。

水是生命之源、生存之根、生活之本、生产之泉、生物之灵、生态之魂。水生态的保护和修复，对云南生态文明建设来说，是一件大事。

同时水资源也必须有科学的调配与保护，才能更好地为社会的发展做出贡献。滇中地区一向是云南经济社会发展的核心地区，也是长江流域三大干旱区之一，资源性缺水与工程性缺水并存，水资源的短缺已成为发展的瓶颈。

为了昆明地区水生态的保护与修复，有许多人在努力奋斗着。

2015年12月31日，盘龙区北部山水新城的牛栏江瀑布公园举行了隆重的完工开放仪式。这道新增的景观确实气势非凡，激流飞溅处，一片白色的浪花滚滚而下，送来阵阵清凉。甚至可以带给人“飞流直下三千尺，疑是银河落九天”的错觉。驱车前来游玩的昆明市民络绎不绝。

很多市民来这里只是为了游玩、观赏，并不知道它有着多重用途。

其实它不是一个普通的公园，也不是单纯为了让人观赏景观而建。而是举世瞩目的“牛栏江—滇池补水工程”的入滇水口。作为牛栏江引水工程的重要配套工程，它是为了配合牛栏江引水工程通水，以打造盘龙江入水口生态景观、改善盘龙江防洪条件为目的而建设的水景观主题公园。是集昆明城市饮用水通道、景观提升、滇池治理等多功能于一体的综合设施建设项目。

智慧的设计者充分利用了约12.5米的地势高差，将它建设成一道宽幅约400米的人工瀑布，而且是国内幅宽最大、流量最大、规模最大的人工瀑布。它拥有约32.29公顷的净用地面积、约13.93公顷水面面积、340米瀑布过水面、12.5米巨大落差，然后以每秒23立方米的流量注入盘龙江，参与到改善滇池水体的工程中。

所以它当得起“亚洲第一大人工瀑布”这一美称。

这里的水经由盘龙江，再流入滇池，既为滇池补水，也改善了滇池的水质。如果沿盘龙江顺流而下，一路都可以体会到昆明市为环境保护所做的种种努力，感受到很多具体的成果。近几年沿江两岸悄然出现了一个个小花园、湿地公园，供市民休憩游乐，使盘龙江更加美丽。

水资源的保护和开发，事关人民群众的切身利益，事关全面建成小康社会，事关实现中华民族伟大复兴中国梦。老子说过："上善若水，水善利万物而不争。"翻译成白话就是说："上善的人好像水一样，水善于滋养万物而不和万物相争。"人和水的关系代表着人与自然和谐相处的最高境界。

建设良好的水生态，就可以让人民安居乐业，早日实现美好中国梦。无论是宏大的滇中引水工程，还是盘龙江的保护与修复工作，都是为了一个相同的目标。云南高原上奔流的江河，正在人类智慧的引导下，吟唱一首新的生态之歌。

云南的三大战役打得如何？取得了哪些成果？这是很多人关心的话题。

2017年8月14日，云南省人大常委会开展专项工作评议，听取省政府关于2016年度环境状况和环境保护目标完成情况的报告，为年度环境保护工作"评分"。这次评议主要围绕云南省2016年度生态文明体制改革、环境保护督察、自然生态环境保护等重点难点工作进行评议发言，重点关注如何落实好"水十条""大气十条"和"土十条"等工作。

这次评议，或许可以回答前面关于云南三大战役的问题。

关于大气："16个州（市）政府所在地城市环境空气质量平均优良天数比例为98.3%，较2015年继续提升。"

关于水生态："全省六大水系主要河流监测断面水质达标率提高

2.8%，水质量超过80%达到或好于III类水。”

关于森林：“全省森林覆盖率为59.3%，较2015年增长3.6%。”

关于环境执法：“2016年，全省环境监察系统立案查处企业1279家，比上年增长9.69%；共处罚款7195.39万元，比上年增长90.61%。全省清理环保违法违规项目6600个，完成整改6550项。”

云南省人大常委会进一步加大监督力度，由6名省人大常委会委员和2名省人大代表担任重点评议发言人，结合各自实地调研的情况，围绕着我省2016年度生态文明体制改革、环境保护督察、自然生态环境保护等重点难点工作进行评议发言，直面问题，剖析建言。[2]

土壤、水、大气是生态环境的三大要素，三者相辅相成、相互影响。通过土壤环境的修复可以改善水和大气的质量，最终实现“山清、水秀、土净”的生态环境。在《云南省土壤污染防治工作方案》中明确指出：土壤是构成生态环境的基本要素，土壤环境质量直接影响农产品质量、人居环境安全和经济社会发展。保护好土壤环境是推进生态文明排头兵建设和构筑西南生态安全屏障的重要内容。

这个方案中的“工作目标”非常明确：

到2020年，全省土壤污染加重趋势得到初步控制，土壤环境质量总体保持稳定，农用地和建设用地土壤环境安全得到基本保障，土壤环境风险得到基本控制。到2030年，全省土壤环境质量稳中向好，农业用地和建设用地土壤环境安全得到有效保障，土壤环境风险得到有效控制。

垃圾集中处理、农村面源污染防控等措施，对治理土壤污染来说，都是很有效果的。很多乡（镇）在这些方面已经取得了很好的成绩。

无论是森林还是河流，都必须依托于大地，才有坚实的保障。拥有一片洁净的大地，才能让生态文明的理想成为现实。我们希望看到云岭大地奔涌着清澈的河流，红土高原被绿色所拥抱，蓝天白云为生活增添诗情画意。

爱我云岭好山水，红土高原绘美景。

这样的理想并不遥远，只要坚持为生态文明而努力奋斗，坚持对环境的保护与治理，我们就能建设好一个美丽的生态云南，让云岭山水大放异彩。

三、环保节能，城乡共努力

城市环保攀高峰

节能减排，是生态文明建设中一个新的目标和追求。

它包括节约能源，降低能源消耗，减少污染物排放。这是一种新的环保理念，也是很多人所持的生活态度。无论是对个人还是对社会而言，都是一种进步。大到优化产业和能源结构，强化主要污染物的减排，大力发展循环经济；小到生活中的节水节电、低碳生活方式，无不是对节能减排目标的践行。

在云南省的"'十三五'节能减排综合工作方案"中，提倡"推行绿色消费，倡导绿色生活，推动全民在衣、食、住、行等方面更加勤俭节约、绿色低碳、文明健康"。使生态文明的理想，朝着常态的方向努力。

城市的环保有许多内容。污染，是很多人关心的重要问题之一。比如在一个工业化的社会，大量工业废物将如何利用？会不会造成二次污染？

2016年1月6日，昆明就举行了一场和节能有密切关系的展览：云南省重大科技成果发布会——工业废弃物回收利用及节能装备专场，云南省“十二五”以来节能减排技术领域一批重要科技成果在展览中亮相，给观众带来惊喜。

这些技术对广大市场民来说，或许有点过于专业和深奥。但是对一个城市的生态文明建设来说，却是福音。它意味着节能环保之路上，科学带来了新的方法和技术，可以有效地避免工业材料对城市环境的二次污染。比如这次展览上亮相的鑫联环保科技股份有限公司自主创新研发出的核心专利技术“钢铁烟尘火法富集——湿法分离多段耦合集成处理技术”，就是通过对各种重金属固废进行无害化和资源化处理，再从中提取出锌、铅、铟、铋、铁等金属，而尾渣则全部用于制造环保建材，并通过余热发电等手段实现节能和清洁利用。

还有云南京正能源科技有限公司节能环保新型电池技术，和传统工艺生产比较，其周期缩短了30%以上，电池使用寿命延长了20%以上，生产过程铅粉不会泄露造成污染。目前，该公司的节能环保新型电池已经开发成功，正在建设年产50万千伏安时的产业化生产线，并已经将此项成果应用到云南红河州等地。

此外，亮相的成果还有新型石油采油机械装备——游梁式液压抽油机；国内最先进的电动机节电装置——超能士，以及一批环保高新技术……这次展览，只是云南在环保方面取得的部分成果。但也体现了不断努力进取、勇攀高峰的精神。它让我们看到了环保的美好前景与希望。

在昆明这座省会城市，为了保护环境而提倡的低碳生活也正在成为一种追求。所谓低碳生活，是指生活中所耗用的能量尽量减少，从而降低二氧化碳的排放量。主要体现在节电、节气、回收三个方面。

比如随着共享单车的进入，更多的人开始骑车上班、上学，养成随手关灯、关水的好习惯。这就是低碳生活的一部分。在昆明，环保意识正在影响着很多人的生活方式。从我做起，从小事做起，正在成为一种社会风尚。

位于呈贡区的昆明市行政中心，是昆明市委、市政府各部门办公的地方。也是昆明环保的榜样，在环保、节能方面做出了很好的表率。市级机关事务管理局从照明、节水、绿色出行等方面一直在鼓励和倡导低碳生活，取得了很好的效果。

来行政中心办事的人会惊讶地发现，各个行政大楼的走廊路灯只开一半，卫生间的水龙头采用喷水式，不浪费一滴水。绿化带也充分利用中水、雨水浇灌。天晴的时候，各间办公室几乎都不开灯。市级行政机关的地下车库灯管由最初的7000多盏减少为1433盏，并实施LED等改造，保证照明的同时也节约了能耗。

作为全国第一批“节约型公共机构示范单位”和“节水型单位”，昆明市行政中心在“低碳、环保”方面的成绩是突出的，起到了很好的示范带头作用。

一些企业在低碳环保的路上，也在努力探索和实践。

2017年3月11日，昆明俊发地产与摩拜牵手，共建了昆明首个摩拜品质低碳社区。上千名业主和一些热爱环保的志愿者，参与了“低碳出行，俊发领骑”连线俊发摩拜单车骑行挑战赛。成为昆明规模最大、参与人数众多的千人骑行活动，在昆明街头引来无数人的注目和赞同。俊发地产成立19年以来，一直在践行“低碳、环保”理念。俊发物业还开创了昆明首个以物业为平台的“共享汽车”服务模式，以12个俊发小区为试点，在每个小区设置一个充电桩，同时配备两辆新能源汽车，为业主带来便捷、实惠、环保的出行方式。

2017年5月19日，昆明公交集团在彩云南路雨花公交枢纽站也开展了创建全国文明城市、“绿色出行　低碳生活”为主题的活动。要求全体公交职工立足岗位做奉献，从小事做起，从一点一滴做起，带动身边的人践行“绿色出行　低碳生活”，做文明市民，当文明使者。

2017年，《云南省“十三五”控制温室气体排放工作方案》（以下简称《方案》）正式出台。《方案》明确规定，在“十三五”期间，昆明市碳排放强度将下降23%，持续推动昆明市国家低碳城市试点、呈贡国家低碳城镇试点建设。

“低碳、环保”的生活方式，正在昆明传播开来，让更多的人感受到它的意义和效果，也使生态文明建设成为人人可以参与的一项活动。

爱我春城，就要为它的环保做出贡献。

乡村环保在进步

乡村环保虽然起步较晚，但是经过努力奋斗也取得了长足的发展。

传统的乡村总会给人山清水秀、流水潺潺的印象。很多人记忆中的家园都是和田园、篱笆、炊烟等乡村事物紧紧相连。曾经乡村是一个美丽、干净的代名词，可以装下我们对故乡的所有想象，可以盛放我们诗意的乡愁。但是随着商品时代的到来，污染也开始成为乡村的一道难题。化肥、农药、污水、塑料制品……正在改变着我们印象中那片纯洁美丽的净土。

治污，开始成为乡村生态文明建设的重要内容。在云南的“美丽宜居乡村”建设中，乡村环保建设有许多具体的指标和数据，规定着环保的目标和任务。

比如普洱市龙潭乡，就有许多让人关注的新鲜内容。他们按照“生态立乡、产业兴乡、特色活乡”的发展思路，不断加大经济结构调整力度，改善农村基础设施，重点培植优势产业，突出打造特色品牌。环境保护，也是这个乡建设的重点。据乡上的一位干部介绍，龙潭乡近几年在环境保护方面下了大力气，结合普洱市打造国际性旅游休闲度假养生基地的机遇，以创建省级生态文明乡（镇）为契机，做了很多实事。比如，加强生活污水管网、垃圾收集等基础设施建设，城镇环境得到改善，辖区内无“脏、乱、差”现象；比如完善城镇管理长效机制，各村、社区组建起了环卫义务宣传队、环卫义务监督队，通过构建以城市综合执法为主，部门协同、公众参与和社会监督的工作格局，杜绝秸秆焚烧和“白色污染”。

经过种种有效的措施和治理后，龙潭乡的环境卫生得到了很大改善。在2017年云南省政府命名的“第十批云南省生态文明乡（镇）街道”中，榜上有名。

垃圾处理和污水处理，是很多乡村生态文明建设的两大难题。

普洱市的一些乡（镇），在污水处理方面都积累了不少经验。乡村因为条件限制，目前还不可能建设高规格的污水处理系统。但是因地制宜，土法上马，也能收到不错的效果。思茅区南屏镇辖区共有5个行政村，即整碗村、三棵桩村、曼歇坝村、南岛河村和大开河村。南屏镇镇政府积极在村内开展“市级生态村”创建活动，加强村庄基础设施建设，生活污水主要通过天然湿地净化处理，村落生活污水得到有效治理。全镇开展生活污水收集处理的行政村比例为100%。因为工作扎实，生态成果突出，2015年，南屏镇被云南省人民政府授予“云南省生态文明镇”称号。

墨江县通关镇卡房村，2014年开始环境整治，经过两年的治理，环境有了很大变化。特别在“村落污水处理工程”上，有明显的效果。目前村里的垃圾清理率达到100%，污水处理率达到70%。建在村尾的截污池内长满了绿色的水生植物，旁边还建有配套的截污沟、溢流堰、格栅井……现在走在卡房村的村道上，能看见家家户户房前屋后都被绿荫、鲜花环抱着，干净整洁的乡村面貌已经形成。

云南乡村的环境治理，已经初见成效。尤其是那些获得省、市各级生态先进奖励的村镇，在乡村环境的整治方面，更是取得了成效并做出了表率。

德宏州勐卯镇在治污方面，也形成了自己的特色。这个镇地处瑞丽市委、市政府所在地，人文自然景观丰富多姿，比如姐勒金塔、喊沙奘寺、勐卯平麓古城、莫里瀑布热带雨林、姐东崃和芒令的独树成林等等，都是瑞丽著名的旅游景点。

勐卯镇于2008年开始创建省级生态镇，并于2010年获得省级生态镇的命名，2014年又开展创建国家级生态文明乡（镇）。所以在创建生态环保方面做到举全镇之力、聚集体之智、展个人之才，在生态环境保护方面取得了明显成效。

乡村的垃圾如果处理不好，就会导致脏乱差的现象，为污染留下隐患。勐卯镇在这方面就下了大力气。集镇区有专门的卫生保洁队伍，对街道、菜市场、公厕等进行清扫保洁，按照日产日清的要求，及时处理农村生产、生活垃圾。目前，集镇建城区有垃圾收集房2个，垃圾中转站3个，垃圾桶1300多个，垃圾清运车8辆，专职保洁人员378人。在勐力、姐东、团结、姐岗、姐勒5个村委会，还安放了封闭式垃圾收集箱22个，配备电瓶车10辆。

“户清扫、组保洁、村收集、镇转运、市处理”是这个镇处理垃圾的原则和要求，有效地做了乡村垃圾的清运工作，使勐卯镇各村的村容村貌有了很大改观。行走在这里的村寨里，清洁的居住环境和山清水秀的自然环境，二者互相映衬。

乡村的环境治理，除了方法措施和力度的得当，更重要的是群众环保观念的建立。一位乡镇干部对我说过，对环境整治有的村民一开始是不理解也不支持的，认为给他的生活增加了麻烦，反正祖祖辈辈都是这么过来的。

但是现在看到明显的效果之后，那些人的看法开始转变，因为谁都想生活在一个干净、整洁的环境中，过幸福快乐的田园生活。村民从不支持、不理解、不配合到如今的自觉自愿、积极主动。充分说明了群众的生态文明意识需要引导，需要制度和规范，才会不断提高和进步。

各地乡村制定的“乡规民约”，就是一种约束和规范，它使“爱护家园”成为一种自觉的行动。在西双版纳曼听村委会曼降村小组，我看到了以“清洁卫生·爱我家园”为题的村规民约。上面对垃圾和污水的处理，都有具体规定。

有了规约，人的行动才会被逐渐导上正轨。

乡村环境的变化，和经济基础也有密切关系。只有当生活水平提高了，群众才会有时间来考虑生态文明建设的问题。云南乡村环境的变化，其实也从一个侧面印证了生活的变化，透露出各民族群众在致富路上新的理想和追求。

山清水秀，鸟语花香，乡村的画境和诗意，正在使我们的家园梦成为现实。

注释：

[1]马莎：《云南“西电东送”21载　电量超3500亿千瓦时》，载《中国能源报》2015年2月2日。

[2]参见“云南人大网”的相关报道。

第六章　让高原明珠重放异彩

云南人喜欢把湖泊称为“海子”，它犹如上天随手撒落人间的明珠，镶嵌在红土高原的怀抱，增添了高原的美丽风韵。虽然它没有大海的辽阔与壮美，但是对云南来说却有不可替代的地位和作用。它滋养了无数代云南人，还有云南的历史和文化，是云南人的生命之源。

一、擦去高原明珠的尘埃

云南人喜欢把湖泊称为“海子”，虽然它没有大海的辽阔与壮美，但是对云南来说却有不可替代的地位和作用。它滋养了无数代云南人，还有云南的历史和文化，是云南人的生命之源。细数一下，云南分布着九大高原湖泊，它们分别是：滇池、洱海、抚仙湖、程海、泸沽湖、杞麓湖、异龙湖、星云湖、阳宗海。犹如上天随手撒落人间的明珠，镶嵌在红土高原的怀抱，增添了高原的美丽风韵。

滇池，是中国西南地区最大的湖泊，湖泊面积达300平方千米。它是昆明的母亲湖，昆明历史文化的源泉，一颗耀眼的高原明珠。

位于大理苍山脚下的洱海，是云南省第二大湖泊，湖泊面积250平方千米。被大理人誉为自己的母亲湖。位于玉溪澄江县的抚仙湖，是中国第二大高原深水湖，最大水深157.3米，平均水深87米。

云南湖泊的治理，是一件不容忽视的大事。

在云南的九大湖泊中，这三个湖泊的名气最大，污染也最严重。其中的滇池和洱海与城市近在咫尺，分别与昆明、大理两州（市）相连，在为城市带来声誉的同时，受到的伤害也最严重。随着城市面积、人口、生活内容的增加，还有工业发展等因素，离城市越近的湖泊受到的伤害越重。抚仙湖周围原本只散布着一些传统的渔村，但是城市却可以自己走到它的身边，餐饮、旅游业及各种度假村的建筑日益逼近，污染也成了不容回避的现象。

从云南省2016年出台的《云南省水污染防治方案》中，可以感受到云南治理水污染的决心、信心和方法、措施："水陆统筹，河湖兼顾，系统推进水污染防治。"九大高原湖泊的保护与治理，是重中之重。为此，相关部门专门制定了"一湖一策"，按照预防、保护和治理三种类型分类施策，以确保治理的成效。

水污染防治工作任重道远。污染，给高原明珠蒙了一层尘垢，我们要充分利用科学的方法和手段，还她们以洁净，让她们重新焕发异彩。

先来说说滇池的事。

滇池，是昆明的母亲湖，也是一颗耀眼的高原明珠。

昆明民间一直流传有"滇池清，昆明兴"的说法。它又叫作昆明湖或者昆明池，是云南最大的淡水湖，在全国淡水湖中位列第六。湖面海拔1886米，面积330平方千米，有盘龙江等河流注入其中。清代文人孙髯翁在《大观楼长联》中对它有形神兼备的描写："五百里滇池，奔来眼底。披襟岸帻，喜茫茫空阔无边。"其气势和景象，令历代文人向往和称颂。

昆明之所以被称为"春城"，和滇池对其气候、温度的调节有密切关系。"天气常如二三月，花枝不断四时春"，离不开滇池的相依相伴。滇池风光秀美，为中国国家级旅游度假区。它的西边矗立着西山，周围有许多风景名胜。除了作为风景区，滇池的生态功能也是非常突出的。在工农业用水、防洪、调节气候等方面，一直为昆明做着贡献。

但是随着商品经济时代的到来，滇池的污染也是一个不能回避的事实。很多老昆明人非常怀念20世纪六七十年代的时光，因为那时候的滇池还保持着清澈的状态，甚至可以直接饮用。周末大人和孩子可以去滇池游泳、摸鱼捞虾，度过快乐的一天。一曲曾经风靡昆明一时的《滇池圆舞曲》，记录下了滇池在昆明人心里留下的充满诗意的美好记忆。

曙光像轻纱漂浮在滇池上/山上的龙门映在水中央
像一位散发的姑娘在梦中/睡美人儿躺在滇池旁
啊……
我们的生活多么欢畅/像那山茶花儿开放
金色的阳光闪耀在滇池上/碧波上面白鸽飞翔
渔船儿轻轻地随风漂荡/渔家姑娘歌声悠扬
啊……

这是滇池留给老昆明人的诗意往事。

白天，金色的阳光闪耀在滇池上，碧波上面有白鸽飞翔。夜晚，月光像白银撒在滇池上，睡美人对着滇池梳妆，闪烁的星光映在她头上。谁也无法预见到，如此美丽的滇池，竟然也会遭遇污染，变得面目全非。

关于滇池的污染，恐怕谁也无法说清楚是从哪一天开始的。

20世纪70年代末开始的改革开放，给社会经济带来了发展的机遇，也带来了许多问题。滇池的污染一开始并没有引起人们重视，工业污水、城市生活污水的排放还没有建立起相关的制度和措施。沿湖的个别村庄建起造纸厂，工业污水干脆直接排进滇池。工业污水、城市生活污水、农业面源污染……

滇池的灾难降临了。

于是突然有一天人们发现，滇池变了。它的水面漂浮着垃圾，水质不再清澈透明，蓝藻暴发的时候水面更是触目惊心。滇池的水根本不能再直接饮用。到了20世纪90年代，甚至出现了水质发绿发臭的现象，只是十多年时间，就由Ⅱ类水变成V类水，富营养化日趋严重。

没有人敢再到滇池中游泳，更没有人敢直接喝滇池中的水。经过草海一带的水岸，甚至要掩面而行，以免被臭水熏得头晕。

那个美丽的滇池，哪里去了？那个清澈的滇池，何时才能回归？

治理滇池，成了昆明的一个大问题。从“九五”时期开始，滇池就被列为全国重点治理湖泊之一，治理投入不断增加。据统计从1996年到2015年的20年间，投入的治理资金就高达510亿元。

如此高昂的代价，恐怕是昆明人始料不及的。人类总是要在大自然的惨痛教训面前，才会幡然悔悟。污染一个滇池或许只用了十多年时间，治理好滇池，还它一个清白，却要用更长的时间，花更多的财力物力。

“十二五”期间，昆明市全面推进滇池治理“六大工程”，取得了不错的成效。但滇池的水质仍然不容乐观。或者说，治理滇池仍然是昆明市的“头等大事”和“一把手工程”。在“2016年昆明市政府工作报告”中，滇池的治理依然是一项重要工作。在对“十二五”的总结中，可以了解到昆明市为治理好滇池所做的种种努力和取得的成绩：全面推进滇池治理“六大工程”，环湖截污干渠闭合贯通，牛栏江—滇池补水工程实现通水，建成湖滨生态湿地3600公顷，滇池水域面积增加11.51平方千米，实现了还水予湖、湖进人退。滇池水质由重度富营养转为中度富营养，滇池主要入湖河道水质基本消除劣Ⅴ类，草海水质基本达到Ⅴ类，外海水质基本达到Ⅳ类。

在“十三五”的规划中，可以看到昆明市依然把治理好滇池当作头等大事来对待，他们将要做到：强力推进以滇池为重点的水环境综合整治，深入实施和完善“六大工程”，提升滇池流域污水收集处理、河道整治、湿地净化、水资源优化配置效能。坚持实施城镇污染源控制，继续完善环湖截污和片区截污系统，深入开展入湖支次沟渠综合整治，优化湖滨生态系统功能，加强面源污染治理，持续开展内源污染治理。到2020年，力争滇池外海水质稳定达到IV类，草海水质稳定达到V类，主要入湖河道水质稳定达到V类以上，湖体富营养化水平明显降低，蓝藻水华程度明显减轻，流域生态环境明显改善。

滇池的治理，是一个重要的工程，也是一个永远说不完的话题。

2015年昆明市委新一届书记程连元上任，他在第一次调研中就安排了一天时间，专门调查研究治理滇池的事。他的一段讲话引起了市民的关注，他说：“滇池是昆明的生命线，滇池治理是整个城市转变发展方式的一面镜子，也是我们工作的一面镜子，时刻在检验我们是不是真正转变了发展方式。”程书记的话，代表了新一届昆明市委治理好滇池的决心和信心。

2017年年初，昆明市就召开了“2017年滇池流域水环境综合治理工作会”，总结2016年滇池保护治理工作取得的成绩，部署下一步的工作任务。

工作会上透露，2017年滇池保护治理工作计划实施100个项目，完成投资33.1亿元，确保滇池流域水质在2016年基础上稳定改善，滇池外海、草海水质稳定在V类；35条主要入湖河道及松华坝水库、云龙水库等9个饮用水水源地水质要达标。为了保证工作计划的顺利实施，还制订了许多具体的举措。

比如于6月30日前制定出台相应的河长制工作方案；按照“谁受益谁补偿、谁污染谁付费”原则，在滇池流域实行水环境区域（河道）生态补偿机制；年内完成第一、第九水质净化厂提质改造；建立农村生活污水治理监控信息系统，确保污水收集处理设施正常运行，达标排放；年内完成19平方千米海绵城市建设；启动西华湿地建设，修复草海片区湖滨生态湿地；启动建设草海大坝加固提升及水体置换通道建设工程，确保2017年10月30日前全部完成。

……

滇池的治理刻不容缓，全社会都需要共同努力。治理滇池，是一项复杂而艰巨的工程；治理滇池，也是一项光荣而惠民的工程。

每一个生活在昆明的人，都希望看到早日擦去蒙在她身上的尘垢，让她展露出美丽的容颜。让“曙光像轻纱漂浮在滇池上，山上的龙门映在水中央”的情景成为昆明的常态。“滇池清，昆明兴”，滇池的治理和昆明的生态文明建设密不可分。在21世纪的时代背景下，治理的方法、手段也在不断提高和完善。昆明市委、市政府的高度重视，新的治理理念的变化，科技手段的加入，让我们看到了滇池美好的未来。

2016年在国家年度考核中，滇池流域水污染防治考核终于取得了72.7分的历史最好成绩；在中央电视台开展的“中国最美湿地”评选中，昆明滇池湿地在众多湿地中脱颖而出，成为网友心中的“中国最美湿地”，濒临灭绝的国家珍稀鸟类彩鹮也在滇池边出现。[1]

近年来滇池周边兴起的湿地公园，对滇池水质的改善、环境的美化都起到了很大作用。“滇池清，昆明兴”，为了实现这个美丽的理想，昆明一直在努力。如今的滇池虽然不能用清澈见底来形容，但是水质和环境的改变也是有目共睹的事实。每到冬季，一群群红嘴鸥的光临探访，更是为滇池增添了一道独特的风景。水边随处可见人鸥共乐的融洽景象。每到节假日，海埂大坝、海埂公园更是游人如织。滇池的风景正走在重归辉煌的路上。

拭去蒙在高原明珠上的尘埃，让她重放光彩，是每一个云南人的心愿。

二、治理洱海“七大行动”

洱海，是每一个到大理的外地游客向往的景观。

连习近平总书记来大理视察时都曾经说，自己早就知道洱海，只是一直没有机会来看看。所以2015年他的云南之行，专门选择了大理作为视察的内容之一。习总书记看洱海，不只是看它的美丽风景，更关注它的发展与治理。

在云南的淡水湖泊中，洱海位居第二。

它虽然没有滇池大，但因为水位深，蓄水量却比滇池还要大。在观赏洱海美丽风景的时候，很多人或许偶尔会去思考这样一个问题：李白的诗里用夸张的笔法写了“黄河之水天上来”，那么洱海的水是从哪里来的呢？仅仅依靠苍山十九峰上流下的溪水，就能盈满一个偌大的湖泊？

其实它的水流来自四面八方。北有茈碧湖、东湖、西湖，分别经弥苴河、罗时江、永安江流入洱海，是洱海的主要水源；西有苍山十八溪汇集苍山东坡集水区；南有波罗江、金星河；东岸有凤尾箐、玉龙河等数十条大小集水沟渠……洱海水从西洱河流出，流入漾濞江，汇入澜沧江，最后注入太平洋。[2]

它北起洱源，南接下关，外形如同人的一只耳朵，故得名洱海。如果从空中往下俯瞰，它又如同一弯新月，温柔地依偎在苍山怀抱里，点缀着大理坝子诗意的风光。数千年来白族是洱海之畔的主要民族，他们和洱海共生息，同享人间日月光华。所以白族人骄傲地把洱海称为“母亲湖”、金月亮，它和苍山相互映衬又互相依存，共同构成了大理重要的山水风景。

洱海是丰富多变的，它有三岛、四洲、五湖、九曲。洱海是幽深厚重的，它长约42.58千米，东西最大宽度9千米，湖面面积256.50平方千米，平均湖深10米，最大水深达20米。洱海和大理人的生活息息相关，它不仅是一个观赏性湖泊，还承担着供水、发电、农灌、渔业、航运、旅游、调节气候的众多功能。洱海对大理的重要性，怎么形容都不过分。同理，洱海的污染对大理的影响，怎么形容也不过分。

现代社会的发展，如果过分追求速度和效益，忽略了生态的治理，必然会带来负面的苦果。这是人类应该吸取的教训。近年来大理的发展速度加快，无数建筑如童话般凸起，人口在增加，洱海的负重也在增加。生活用水、各种污水流进湖泊，使古老诗意的清纯画面一步步受到玷污。

大理副市长张勇在接受媒体采访时坦言：在洱海水质污染最严重的时候，一年只有4个月的Ⅱ类水，还出现了蓝藻暴发。在2008年和2013年里各有一次，洱海里面氮磷含量高，就会出现蓝藻，情况还是让人堪忧的。

人们看见母亲湖在哭泣、在流泪。洱海的水质在下降，甚至曾经有过Ⅳ类水质的恶劣时期。现在经过治理，仍然在Ⅱ类和Ⅲ类水之间徘徊。一位当地领导说到洱海的治理，用了“如履薄冰”这个成语来形容其责任的重大。他说：“洱海治理不好，对不起大理人民，对不起后代子孙！”

水质的划分，从科学角度讲，有着具体的专业检测方式和一连串数据。对普通老百姓来说，区分水质，或许更相信自己的眼睛所见。比如Ⅰ类水质，一定是指那些清澈可见的地下水或者山泉水，它们的水质良好，甚至可以直接饮用。Ⅱ类水质，有轻度污染，经过常规处理后可以饮用。依此类推，Ⅲ类水质、Ⅳ类水质，用来饮用是不合适的。只能用于鱼类保护区、游泳区，或者用于一般工业保护区及人体非直接接触的娱乐用水区。

像洱海这种和大理人的生活息息相关的淡水湖，它的水质直接影响到一方百姓的健康和平安。

身为游客，可能很少有人会去思考：沿湖那些密集的房屋、客栈及各种生活设施产生的污水往哪里排放？湖面漂浮的杂草又从何而来？水质从Ⅱ类降为Ⅲ类，甚至Ⅳ类，又意味着多么严重的问题？不但不能直接饮用，就连用来洗手恐怕都会嫌脏。那些依赖洱海生存的鱼儿，又将面临多么严峻的未来！

一位当地朋友告诉我，他们小时候的洱海清澈见底，可以看见鱼儿在水中游动的美丽身姿。那时候，水中有鲤鱼、弓鱼、鳔鱼、细鳞鱼，鱼儿多得不可胜数。特别是弓鱼，身形细长，肉质鲜美，是有名的洱海特产。朋友感叹说：“现在，洱海里的弓鱼已经基本绝种。连海白菜都在减少，因为这也是一种对水质有要求的物种。”确实应该看到，近年来由于种种原因，洱海正在由贫中营养状态，向富营养状态过渡。这是一个危险的污染信号，水中的那些悬浮物可能肉眼不能看清楚，但是只要放到显微镜下面，那便是一个令人恐怖的世界。洱海的污染，已经不容再拖延。

所以，习近平总书记在大理视察时，才会谆谆告诫当地干部：一定要保护好洱海，在洱海边拍照并且说：“立此存照，过几年再来，望水更干净清澈。”身为国家领导人，他的心里还装着遥远西南边疆的洱海，牵挂着洱海的保护与治理，这是怎样的情怀！总书记深沉的话语，是为治理洱海敲响的一记钟声。

大理人被感动着，也被震动着。洱海的治理已经迫在眉睫。

云南省委书记陈豪几次到大理考察、调研，对认真落实习总书记指示，治理洱海做了安排部署。他在讲话中说：“要采取断然措施，开启抢救模式，保护好洱海流域水环境。”他要求大理的各级干部要“把洱海的保护治理、生态环境文明建设放在心上，落实在行动上”。他强调：“要切实提高认识，增强忧患意识，担负历史责任，坚持新发展理念，把洱海保护治理、生态文明建设放在心上、落实在行动上，扎扎实实抓出成效，不辜负党中央和习近平总书记对云南的重托与厚望，不辜负全省各族人民的期盼。”[3]

他还强调，我省正处于加快发展的关键时期，云南生态脆弱，环境保护和生态修复任务艰巨，要科学规划，防止无序发展，“不能在一座座新城镇拔地而起、一条条高速公路畅通之时，看到的是山河破碎、满目疮痍”。

陈豪书记的话让人振聋发聩。

其实为了治理洱海，大理人一直在努力奋斗。通过有关专家的调查研究，大理的污染主要来自几个方面，一是生活污水，二是农业面源污染，三是畜禽养殖。早期首先启动的是“三退三还”，即退滩还湖，退塘还湖，退房还湖。又搞了“双取消”，即取消机动渔船动力设施，取消网箱养鱼。

后来又搞了“三禁”：禁白、禁磷、禁牧。

禁白是禁白色垃圾，禁磷就是洱海流域地区不能销售含有磷的洗衣粉，禁牧就是苍山上不准放牧。后来，还做了洱海保护六大工程，涉及垃圾、污水、农田粪便，还有科技管理信息平台等等。

有一组数据或许可以从一个侧面说明大理治理洱的力度：

为了减少面源污染，大理市目前已经完成土地流转913.92公顷，完成率83.2%，引导退出生猪养殖726头，签订清退库塘水产养殖协议126.96公顷，已清空库塘68.69公顷。还有许多方面的措施还在探索和进行之中，比如：

措施之一：为了减少农村的面源污染，实行土地流转，很多土地由种玉米改种烤烟。因为前者用水量大，而且要用化肥，而肥料中的氮磷是造成洱海富营养化的元凶之一。后者是有机烟，用有机肥，不会形成污染。

措施之二：土办法上马，库塘净化。这只是一个应急性措施，治污效果不及正规的管网。但是在乡村治污条件还欠缺的情况下，不失为一种可行的“土洋结合”的治污手段。起码可以保证不让生活污水直接进入洱海。库塘里需要栽种一些植物，它们可以吸附氮、磷这些污染物质，随着光合作用，把它们转化成自己生长的营养。植物也要定期收割，把它所含的氮、磷这些污染物质移到水外面。

第一级库塘的入水口，能闻到污水的气味，看到水面漂浮的垃圾。

到三级库塘：可以看到海菜花漂浮在水中，这是对水质有要求的植物，它的身影意味着水质的净化和提高。

经过几级沉淀和净化的水，也不能直接进入洱海，但可以进入农田，实现中水回用。为了洱海的洁净，很多人在努力工作。但是洱海的污染不是一朝一夕形成的，它的治理也不是一朝一夕可以完成的。或许只有采取更强硬的手段，才能把洱海的治理推上一个新台阶。而这意味着一场风暴即将来临，一次大的治理行动即将拉开帷幕。

2017年1月9日下午，大理州召开了“开启洱海保护治理抢救模式实施‘七大行动’动员大会”。州委、州政府的领导在会议上强调：要以铁的决心、铁的措施、铁的责任，加快实施“七大行动”，加快建设“六大工程”，以洱海保护治理的实效向习近平总书记、向党和人民、向子孙后代交上满意的答卷。

会上，州政府副州长杨承贤分别与大理市政府、洱源县政府和州环保局主要领导签订了《2017年度洱海保护治理抢救模式“七大行动”目标责任书》。

紧接着，2017年3月31日，一场引发社会各界关注的治理行动，在洱海之畔悄然拉开帷幕。大理市政府发布了一则被称为“洱海最严保护令”的通告，要求在4月10日前，洱海流域水生态保护区核心区内的餐饮客栈要全部暂停营业。接受核查；备齐各种证照，自建污水处理设施，处理后的污水达到一级A标，并外运到指定的污水处理厂，实现零排放，经环保部门审查同意后方可继续经营。

一石激起千层浪，网络上纷纷传言“大理正式开启抢救模式，将迎来史上最严洱海治理令”。多家沿湖的餐馆、客栈纷纷关闭。各种声音在网络上议论纷纷。著名舞蹈家杨丽萍位于洱海之畔的太阳宫，也一样按照要求进行关闭。为此她还专门接受媒体采访，回应关于污染的传言。

各路媒体纷纷报道、关注，大理被推到了风口浪尖上。

一时之间，治理洱海的“七大行动”势如一场龙卷风，在洱海之畔引起了不小的震动。也向社会表明了大理政府治理洱海的决心和信心。“七大行动”主要是：实施洱海流域“两违”整治行动、村镇“两污”治理行动、面源污染减量行动、节水治水生态修复行动、截污治污工程提速行动、流域综合执法监管行动、全民保护洱海行动。一场全面推进“七大行动”，坚决打赢洱海保护治理攻坚战的行动，在大理全面展开。

……

2017年8月12日，中央电视台《焦点访谈》节目以“砥砺奋进的五年：保护洱海怎么干”为题，对洱海的治理保护工作进行了跟踪报道。可以看到大理从各级政府到各民族群众，都在为治理洱海而奋斗着。银桥镇的党委书记王砚池，亲自担任河长，每周用一天时间亲自查看河流的情况，查找并堵住污染的源头。

保护好洱海母亲湖，成了大理人的基本共识。

那些祖祖辈辈喝惯了清冽的苍山雪水的白族村民们，为了洱海的治理，也在付出和牺牲。一位当地干部说得好：牺牲短暂的利益，是为了更长远的利益。

一位白族村民用质朴的话语说："为了保护我们的洱海，必须是我们这一代牺牲，为了下一代的生存。我们这一代基本都五六十岁了，但是我们子孙还很小，一旦污染以后，我们这代人过完了，下一代人怎么办？"

从他们的话中可以感觉到一点，在治理洱海的过程中，大理人的环保意识、生态意识都得到了很大的提高和进步。这对今后洱海的保护和发展来说，至关重要。在一个人口不断增多、经济高速发展的时代，青山绿水更需要我们的关爱和呵护。

洱海，将迎来清澈透明的那一天。

大理市治理洱海的"七大行动"其力度和影响都是空前的。它表明了大理市委、市政府和各民族群众对洱海的深切爱意。为了还母亲湖一片清洁，为了大理的天蓝水净，为了孙子后代的明天，他们在牺牲、在奉献。

苍山十九峰巍峨连绵，千百年来一直无言地守望着洱海。

相信经过大理市大力的整治，不久将会还世界一个洁净、美丽的洱海。

三、还抚仙湖美丽容颜

玉溪被称为“高原水乡”，名副其实。

它拥有丰富的水利资源，抚仙湖、星云湖、杞麓湖三大高原湖泊，如同三颗耀眼的明珠，放射出动人的光彩。玉溪大河波涛滚滚，滋润着一座城市和一方土地。其中的抚仙湖横跨澄江、江川和华宁三县（区），是我国最大的深水型淡水湖泊、最大的I类淡水生态大湖，水域面积216平方千米，平均水深95米，蓄水量206亿立方米，是滇池的12倍、洱海的6倍，水资源总量占全国湖泊淡水资源总量的9.16%，是全球少有的I类水质湖泊，被列为全国8个水质良好湖泊生态环境保护试点之一，是全国江河湖泊生态环境保护重点。

抚仙湖，位于玉溪市澄江县境内，是我国最大的深水型淡水湖泊，是珠江源头第一大湖。目前，抚仙湖总体水质稳定保持Ⅰ类，在全国81个水质良好湖泊保护绩效考评中名列第一。这是玉溪人多年共同努力的结果。回顾“高原水乡”玉溪在抚仙湖的治理上走过的道路，有许多值得总结的经验和教训。

抚仙湖是上天的赐予，也是玉溪一颗璀璨动人的明珠。

抚仙湖是中国有名的淡水湖，水质极佳，湖水清澈见底，湖内出产20多种经济鱼类，其中尤以抗浪鱼最具盛名，也是抚仙湖的名贵特产。每年都有无数的游客从四面八方来到这里，除了观赏风景，还为了品尝一次铜锅抗浪鱼和洋芋焖饭的美味，带回一份美好的记忆。

关于抚仙湖的名称，有一个优美动人的传说演绎着它古老的历史。

据《澄江府志》记载：湖东南诸山，岩壑磷响，悬窦玲就，中有石、肖二仙，比肩搭手而立，扁舟遥望，若隐若现。

相传在很久以前，天上有石、肖二仙，因慕“湖山清胜”来到人间。当二位仙人来到湖边时，便被这里美丽的湖光山色迷住了，这里湖水清纯碧蓝，鱼儿自由嬉戏。万顷碧波清澈见底，晶莹剔透。湖的周围还有青山环绕，犹如卫士一般守护着。这美丽的景色，比天宫的景象还让人舒畅。于是两位神仙乐而忘返，站在湖边化为一座搭手抚肩的石像立于湖畔。从此，这个湖便得名“抚仙湖”，取神仙也羡人间美景之意。据说如今若在湖上驾舟遥望远方，还隐约可见仙人遗迹。

这是一个美丽动人而又充满神秘色彩的高原湖泊。

《澄江府志》曾记载过抚仙湖中有“海马”。据当地人讲，他们看到过如马一样大的动物，浑身白色，在湖岸上晒太阳，在水面上行走如飞。

2006年6月，抚仙湖水下古城的发现，更为它增添了一层神秘色彩。

6月16日到22日，中央电视台联合玉溪市、澄江县两级政府，对抚仙湖水下古城进行了水下探秘活动。经过7天的探秘，有了一系列重大的发现，确定了抚仙湖水下确实隐藏着一个巨大的古建筑群，面积达2.4平方千米。这次发现为考古、历史、文化研究等领域提供了新的研究内容。同时更增加了扶仙湖的神秘感。在一个有着亿万年历史的湖泊面前，人类是渺小的。

抚仙湖距离省会昆明只有60多千米。每到节假日，成群结队的昆明人会驾车前往抚湖休闲度假，在湖光山色中享受难得的安宁。因为抚仙湖有许多风格各异的景点，可以满足一个旅游者多样的需求。

孤山岛是抚仙湖唯一的岛屿，南面与海门公园相隔，北面与碧云寺上的莲花峰相望。登顶孤山，可俯瞰整个抚仙湖的美景。每年的农历六月初六，当地人都会前往孤山做庙会，届时一派热闹景象。据当地人说，抚仙湖西南面原本有两个小岛，名大孤岛和小孤岛，明代曾建有一座饮虹桥连接两小岛。后来，因为一场猛烈的暴风雨，桥和小孤岛荡然无存，现在看到的就是幸存的大孤岛。它比湖面高出40多米，椭圆的形状看起来如同一个鸡蛋。上面分布着岩洞、山峰，还有避暑山庄、瀛海楼等殿阁，可以凭栏观赏抚仙湖的动人美景。

1988年孤山风景区被云南省列为省级风景名胜区。

抚仙湖景区还有禄充村、界鱼石、明星景区、孤山岛等风景区。游客可以在湖畔露营，在湖中泛舟、游泳、观鸟。每年冬季到初春，抚仙湖都会有许多到南方越冬的候鸟，而又以大群的海鸥数量最多，届时可以看到鸥群在阳光下欢快飞翔的动人景观。

“波息湾”背后有一座著名的笔架山，形若笔架，可以挡住西南风。在刮西南风较多的季节，远处湖面波浪翻涌，而波息湾却风平浪静。湾里水面宽阔，浅滩延伸到湖间二三十米，可以在这里游泳，或者在沙滩上漫步。每年夏季有成千上万的游客到此度假。

如果想怀旧，可以到湖边去访问渔村。抚仙湖东岸的海镜村和抚仙湖南岸的隔河村，是抚仙湖沿岸保存比较完好的两个古老渔村，在这里能看到非常有特色的当地建筑和湖边渔民生活场景。

如果想追求浪漫的情调，可以到抚仙湖看花。这里就像歌里唱的那样，一年四季花常开，四季花开各不同。沿湖很多地方种植的各色花朵，装扮着抚仙湖的四季。春天可以到樱花谷看樱花，体会大自然的浪漫多情与绚丽多姿。夏季可以到抚仙湖北岸和南岸，那里有大片的薰衣草景观，带给人无尽的芬芳。

还有荷花、波斯菊、蓝天白云……几乎每个季节都有不同的风景让人惊喜。

抚仙湖多姿的风景，让人流连忘返、沉醉其中。

但是，在观赏美丽风景的同时，也应该看到旅游开发给抚仙湖带来的负担和危机。近年来，随着对抚仙湖的开发利用，污染的危险也在悄然逼近。

一些房地产项目的上马，高尔夫球场的兴修，严重地威胁到抚仙湖的水生态安全。《21世纪经济报》2013年6月5日披露：云南抚仙湖周围有11个房产项目，面临生态危险。另外，虽然抚仙湖周边工矿企业较少，但是70%的污染源来自农业面源污染。传统的种植业和大水漫灌方式，使氮、磷等化肥成为抚仙湖的最大威胁。还有随着旅游开发兴建起来的餐饮、生活污水的排放等等。

污染，像一个黑色的魔鬼，在抚仙湖的身边潜藏着。稍有疏忽就会窜出来，给抚仙湖蒙上一层阴影。玉溪抚仙湖管理局局长武继昌在接受记者采访时痛心陈述：“湖里原本有鱼类25种，其中土著鱼类12种，现在能看到的土著鱼只有4种了！还有很多物种都消失了！”专家认为，这种退化与沿湖近18万人口在0.93万公顷土地上耕作，和每年600多万游客造成的人为干扰有直接关系。

让抚仙湖水长清，保护好抚仙湖，对于玉溪、云南生态文明建设，乃至全国生态文明建设和美丽中国建设具有十分重大的意义。在生态保护与经济发展的抉择中，玉溪市是如何做的？玉溪市委、市政府始终坚持“保护优先、积极保护、适度开发”的原则，推进国家重点生态功能区建设，争当全省生态文明建设排头兵，努力实现山湖同保、水湖共治、产湖俱兴、城湖相融、人湖和谐。

2012年以来，全市累计投入“三湖”保护治理资金27.3亿元。加快调整完善抚仙湖流域产业规划布局，以开发低污染种植业为基础、高端休闲旅游为主导，重点发展第三产业，构建科学合理的生态安全格局、城市化格局、农业产业格局。结合抚仙湖保护实际需要，省人大常委会通过了关于修订《云南省抚仙湖保护条例》的决定并正式开始实施；玉溪完成“三湖”保护治理、“十三五”规划编制，为保护好抚仙湖Ⅰ类水质，在一级保护区内实施退人、退房、退田、退塘，还湖、还水、还湿地“四退三还”……

目前，抚仙湖北岸生态湿地建设进展顺利，居民搬迁安置房、生态展示中心建成，村落污水收集、生态调蓄带、主要入湖河道治理等一批工程治理项目投入使用，各项非工程措施落实到位。

2013年，整个抚仙湖周边拆除的临违建筑达到20万平方米。另外还对主要入湖河道进行了重点治理，由玉溪市级领导担任主要入湖河道的河长。北岸湿地也开始进行全面的建设。

今后五年，玉溪市将实施好“三湖”水环境保护治理“十三五”规划和抚仙湖全流域生态修复工程，着力实施源头减排、面源防治、清水入湖、生态修复、综合监管5大类工程，实现经济社会与保护治理协同发展，让良好的生态环境为可持续发展注入不竭动力。

抚仙湖流域水环境保护“十三五”规划项目包括环湖生态系统修复、主要污染源控制、产业结构调整与污染减排、入湖河流清水产流机制修复、抚仙湖流域综合监管体系建设5大类45个项目，总投资约145.08亿元。

到2020年，抚仙湖水质稳定保持Ⅰ类，主要入湖河流稳定保持Ⅳ类，基本消除城镇黑臭河沟，入湖污染负荷得到全面控制，流域产业结构全面优化，流域生态环境状况明显改善，湖泊生态安全保障体系基本形成。

澄江县，是和抚仙湖离得最近的县，抚仙湖就位于它的东南面。因此澄江县对抚仙湖的保护、治理也负有重要的责任。

为了完成身负的重要使命，近年来澄江县坚定不移地实施生态立县战略，不断探索实践，逐步形成以“四退三还”、生态修复为基础，以控源截污为前提，以河道治理为重点，以中水回用为关键，以产业调整为根本，坚持工程措施与非工程措施并举，综合治理、标本兼治的抚仙湖保护路子。节水高效农业、种植产业结构调整等新概念，正逐步在抚仙湖北岸的澄江坝子变成现实。

抚仙湖的治理，正在紧锣密鼓地进行着。今年的措施似乎更有力度。

从2017年4月20日开始，抚仙湖就开始了一系列的拆迁活动。中央、省属企事业单位资产开始退出抚仙湖一级保护区，13家单位占地54.2公顷的建（构）筑物将陆续被拆除。预计到2017年年底这些拆除地将交还给湖滨缓冲带生态修复工程，绿树和湿地将成为这里新的主人。

2017年8月，一条新闻让抚仙湖的治理再次引起社会的关注。

2017年8月15日，位于抚仙湖孤山风景区附近的九龙晟景项目内的一栋别墅，在挖掘机的轰鸣声中倒塌。为了更好地保护抚仙湖的生态环境，为治理提供条件，今年12月31日前，很多企业和度假村建筑都将全部退出抚仙湖保护区。[4]

这些行动，都是玉溪市制定的《中央和省属企事业单位退出抚仙湖一级保护区总体方案》的具体实施，让社会看到了玉溪治理抚仙湖的信心和决心。

抚仙湖不仅属于玉溪，也属于云南，属于人类。

以后游人再去抚仙湖游玩，可以享受到更多的自然资源，会看到一片更加洁净、美丽的风景。

注释：

[1]孙萧：《滇池治理成效首次排全国首位》，载《昆明日报》2017年3月27日。

[2]引自《洱海保护》，载“云南网”2011年6月15日。

[3]参见“新华网”相关报道。

[4]参见“昆明信息港”的相关报道。

第七章　生态创建的榜样之力

争当生态文明建设排头兵的大目标确立以后，很多地州、市都在生态文明建设上开始了自己的创新之路。充分利用各地的资源优势，开拓创新，努力进取，为红土高原的生态进步写下浓墨重彩的一笔。在生态文明建设的路上，需要一批带头者做出示范和表率。榜样的力量是无穷的！

一、做好先锋和榜样

云南作为生态大省，自然优势的突出有目共睹。

我们有红土高原的丰富资源，有明珠一样点缀大地的高原湖泊，有起伏的森林和原野；还有古老悠久的历史文化，有26个民族多姿多彩的民俗风情……大自然的慷慨馈赠，加上人力的努力创造，七彩云南的特色和优势，已经成了中国版图上的一道独特景观。为中国的生态文明建设增光添彩，已经成为一种自觉的责任意识。作为一个生态大省，在生态文明建设的道路上，云南一直在创新和示范方面努力前进，取得了很多成就。

争当生态文明建设排头兵的大目标确立以后，很多地（州、市）都在生态文明建设上开始了自己的创新之路。充分利用各地的资源优势，开拓创新，努力进取，为红土高原的生态进步写下浓墨重彩的一笔。在生态文明建设的路上，需要一批带头者，做出示范和表率。榜样的力量是无穷的！

2015年5月，一个重要的机遇降临。国家发改委、科技部、国土资源部、环境保护部、住房城乡建设部、水利部、农业部、国家统计局、国家林业局、中国气象局、国家海洋局等11个部门联合发布了《关于印发生态保护与建设示范区名单的通知》，指出，示范区建设要重点突出创新、示范两个方面，积极探索生态保护与建设的规划实施、制度建设、投入机制、科技支撑等方面的经验，形成可复制、可推广的模式。

因为是首批，要在全国范围的数百个市（州、地区）、县（区）的竞争、评选中脱颖而出。既光荣，又有重大的责任感，还要能担负起引领和示范的作用。经过认真评选，全国共有30个市（州、地区）113个县（市、区）被确定为首批国家级生态保护与建设示范区。

云南省的迪庆州与广南县、勐海县、洱源县有幸名列榜上。

此次确定示范区主要遵循两条原则：一是在生态保护与建设工作方面，当地政府高度重视并有明显成效；二是在生态保护与建设指标方面，森林覆盖率、“三化”草原治理率、河湖生态护岸比例、农田实施保护性耕作比例、城市建成区绿地率等指标高于省（区、市）平均水平；同时在水资源开发利用控制、用水效率控制和水功能区限制纳污“三条红线”指标方面也高于省（区、市）平均水平。

国家将加大对示范区建设的投入和政策支持，支持示范区建设围绕突出创新、示范两个重点，为生态文明建设探索出有用的经验和模式。很多人在高兴的同时，也把目光投向云南这次入选的一州三县，他们有什么特色和优势？在生态文明建设中，做出了哪些成就和贡献？

让我们来了解一下这一州三县，在生态文明建设中的收获。

香格里拉的生态创新路

迪庆，藏语中为“吉祥如意的地方”。

它又被称为香格里拉，意思是“心中的日月”。1933年，在美国作家詹姆斯·希尔顿的长篇小说《消失的地平线》中，第一次露出它神秘的面容，让世人知道在遥远东方的崇山峻岭中，隐藏着一个和平宁静的世外桃源。

迪庆，云南唯一的藏族自治州。它位于云南省西北部三江并流国家级风景名胜区的腹地。生活着藏族、傈僳族、纳西族等16个民族。

迪庆，以美丽的自然风光闻名于世。有一首歌这么赞美它：

香格里拉　人间天堂　吉祥的白云
似哈达缠绕在雪山顶上
飘荡的经幡，在夜空中声声回响
声声回响银色的月光　轻轻地铺洒在辽阔的草原上
卓玛的歌声　在康巴汉子的胸膛里流淌
哎……香格里拉，哎……香格里拉，
你是我的母亲和蔼慈祥
你是我梦中的家园　人间天堂
金色的朝阳　把雪山的仙女扮成新娘
七彩的云霞　让高原的孩子神采飞扬
无边的花海　让人人的心灵充满芬芳
奔流的三江　在卡瓦博格的血脉里流淌
哎……香格里拉　哎……香格里拉

被誉为“人间天堂”“梦中家园”的迪庆藏族自治州人口不过40万左右，但是民族众多、资源富集。万里长江第一湾呈“V”字形拥抱着这块全省县级国土面积最大的“如意宝地”。境内的国家级风景区有普达措、虎跳峡、巴拉更宗、白马雪山、梅里雪山、石卡雪山、维西滇金丝猴国家公园等等。自然保护区有碧塔海、纳帕海、哈巴雪山、维西响鼓箐滇金丝猴、白马雪山等国家级、省级的自然保护区。每一处都吸引着无数游人的目光。

很多人向往着这个世外桃源一样的仙境之地，渴望着能与雪山、草原、格桑花来一次亲密接触。平均每年从世界各地涌到迪庆旅游的游客数量，都在300万人次以上，而这一切与迪庆优美的生态环境是分不开的。

迪庆有着保存完好的原始森林及珍稀动植物，是“三江并流”的腹心地带，金沙江、澜沧江和怒江都要流经这里。这3条江河流经的区域，云集了丰富的动植物资源。近年来，迪庆州全面落实生态文明建设的各项措施，把“生态立州”放在经济社会发展战略的首位，致力于生态保护和生态建设，下大力气保护现有的生物资源，坚持“在保护中开发，在开发中保护”。

为了保护好这块美丽土地上的自然生态，迪庆州一直坚持以“生态立州”构筑青藏高原东南缘国家重要生态安全屏障和长江上游生态屏障。为了让香格里拉的山更绿、水更清、天更蓝，迪庆州采取了多项措施进行综合治理，全力实施生态保护与示范区建设。五年来，迪庆连续实施“七彩云南香格里拉保护行动”，持续开展天然林、天然草场、高原湿地等自然保护工作，把“既要金山银山，更要绿水青山”的理念落实到具体的行动中。

比如地处香格里拉市城郊7千米的纳帕海自然保护区，保护面积是2483公顷，水禽鸟类有43种，其他鸟类120多种，它是一个冬春草甸，夏秋为湖泊的高原季节湖泊。目前，香格里拉市已经对纳帕海自然保护区国际湿地进行全面规划治理。2017年5月20日，成立了纳帕海国际重要湿地综合治理工程项目指挥部，全面开展项目的前期工作。

生态文明建设是普惠的民生举措，也是迪庆州“四州”战略的重要内容，在今年“两会”上，迪庆州《政府工作报告》通过较大篇幅，对州内推进绿色发展和生态文明建设做了回顾，并对下一步工作进行了安排部署。

从报告中可以了解到一些具体的内容：2016年，迪庆州生态公益林总面积约176.67万公顷，森林覆盖率达到75%，较2011年提高1个百分点。迪庆州通过全面落实森林生态效益补偿、草原生态奖补政策；实施“七彩云南香格里拉保护行动”“环保世纪行活动”等工程，城乡环境得到明显改善。

2017年，迪庆州将通过深入实施“绿水青山净土”行动计划，通过集中开展水环境综合整治，扎实推进“两江”上游国家重大生态建设工程，着手打造城区绿色环线等工作，进一步美化迪庆州的生态环境，践行“绿水青山就是金山银山”的理念。

在生态文明建设方面所进行的一系列保护措施，让世人看到香格里拉“天更蓝、水更清、草地更绿”并不仅仅是梦想，而是真实的现实。这里真正是一个令世人向往的圣地。

创新，示范，将成为迪庆生态文明建设中的新任务。

广南的石漠化治理见成效

广南县位于云南省东南部、文山州东北部，地处滇、桂、黔三省（区）交界处，近80万人的常住人口中，壮族占33.94万人，系文山壮族苗族自治州人口最多、我省的人口大县之一。

提起文山州广南县，就会让人想到它那些美得让人难忘的风景。比如被称为“世外桃源”的坝美，就曾经让无数游客流连忘返。

坝美村位于广南县北部的阿科乡和八达乡交界处，属喀斯特地貌，四周被翠绿的群山环抱，境内一年四季流淌着一条名为“驮娘江”的清澈河流。这个村寨的神奇之处就在于，进出村都需乘船，还要经过一个幽深、昏暗的水洞。让人不能不想起陶渊明的名作《桃花源记》中的精彩描述：“林尽水源，便得一山。山有小口，仿佛若有光；便舍船从口入。”这段话用在坝美竟然那么自然贴切。让人恍若真的来到了一个传说中的世外桃源。

顺溪水溯流而上，就会来到一个古老、神奇的小村，体会到淳朴的田园风光，观赏到农家人简朴而自然的生活情景。

除了坝美，广南还有壮观的三腊瀑布。“三腊”为壮语，意思为三条河溪汇集的地方，古称响泉瀑布。它位于广南县八宝镇东20千米处的三腊村附近。八宝河从10余米宽的危崖之上倾泻而下，形成壮观的景象。瀑布因山势分三级下跌，三台断崖壁立，跌水往后正好一级一潭。一、二级瀑布较窄，水势汹涌，三级较宽而落差达40余米。

拥有美丽景观的广南县，却也有着自己的发展短板，曾经是石漠化较为严重的地区，全县有三分之二的人生活在石漠化地区。

对很多人来说，石漠化是个陌生的名词。

石漠化是“石质荒漠化”的简称，指在喀斯特脆弱生态环境下，由于人类不合理的社会经济活动而造成人地矛盾突出，植被破坏，水土流失，土地生产能力衰退或丧失，地表呈现类似荒漠景观的岩石逐渐裸露的演变过程。石漠化发展最直接的后果就是土地资源的丧失。

由于石漠化地区缺少植被，不能涵养水源，还往往伴随着严重的人畜饮水困难。它与水土严重流失已形成恶性循环，会造成山穷、水枯、林衰、土瘦，给人类的生存带来危害。

为了改变生存环境，广南县多措并举进行石漠化治理，在石漠化地区开辟了一条生存之路，积累了丰富的治理经验。这也正是它能入选“首批国家级生态保护与建设示范区”的理由。

广南县委、县政府高度重视生态保护与建设工作，大力发展生态经济，深入推进石漠化综合治理、退耕还林、天然森林资源保护、草原生态奖励补助、沼气池建设等重点工程。多方共举，效果明显。

早在2008年，广南县就被列为石漠化综合治理试点县，开始了治理之路。

2014年，国家和省里安排项目资金5193万元，实施小阿幕、胡家寨、角所、鸡街等13个小流域，治理岩溶面积250平方千米，治理石漠化面积145平方千米。同时实施封山育林、人工造林等工程，极大改变了项目区群众的生产生活条件。也为该县全面推进生态文明建设奠定了良好基础。

经过多年来的共同努力，广南县已经终结了145平方千米的石漠化。

莲城镇平山村委会青龙湾村的山野，曾经光秃秃的到处是石头，给人一片穷水恶水的感觉。当地人称为“石旮旯地”。这样的地只能种玉米，而且收成极差。真正是在石头缝里求生存，农民不但劳作辛苦，种植成本也很高。在相关部门专家的指导下他们采用大型凿石机，把地里的石头一块块清理出去，再化废为宝垒成石埂，改成台地。经过治理之后，这里的土地情况有了很大改观。

广南的生态文明建设，成就是明显的。

现在全县已建成省级生态乡镇3个，环保生态村2个，申报国家级“绿色学校”表彰1所、省级绿色学校4所、州级绿色学校10所、县级绿色学校3所，州级“绿色机关”1个，县级“绿色家庭”7户。

事实证明在生态文明的建设中，广南担得起创新、示范这个重任。

勐海县的创新与示范

勐海县，位于西双版纳傣族自治州西部。

这是一个有着许多生态特色和优势的县。比如，它是闻名中外的“普洱茶”的故乡，中国产茶最早之地；它有着全国闻名的布朗茶山，有1700年前的野生“茶树王”以及星罗棋布的古茶树群。这里气候宜人，四季适宜水稻生长，盛产优质米，自古有“滇南粮仓”之称，是国家级粮食生产基地和糖料基地。

这里生活着傣、哈尼、拉祜、布朗等少数民族，具有悠久的历史和灿烂的文化，各民族团结友爱，民族风情浓郁。

茶叶，是勐海县一张重要的经济和文化名片。

近年来，勐海县把茶叶产业作为一项支柱产业来培育，举全县之力，努力打造“普洱茶第一县”品牌，稳步推进“全国普洱茶产业知名品牌示范区”创建工作。2014年以来，勐海县以“生态立茶”为核心，结合“森林勐海”建设，整合相关部门资金，大力推进高优生态茶园建设，在全县11个乡镇共实施生态茶园建设约8426.67公顷，套种覆荫树苗126.4万株，建成以“樟茶间作”为核心示范区的生态茶园800公顷。通过生态茶园建设，茶园化学农药、肥料的使用量大幅减少，毛茶品质得到提升，经济效益得到稳定提高。

为打造中国普洱茶第一县，进一步建设好“生态最优、普洱茶原料最优”基地，全面造就绿色、健康、环保的茶树种植业。2016年勐海县茶叶技术服务中心在布朗山乡、西定乡、勐混乡继续推进高优生态茶园建设项目，实施总面积约106.67公顷。生态茶的推广和种植，体现了勐海县生态建设的力度和高度。

勐海县的生态成果是多方面的。

比如注意水生态建设，让青山绿水保持洁净的姿态。勐海县的集中式饮用水水源为那达勐水库水源。2010年至今，根据环保部门和卫生部门的定期监测结果，全县集中式饮用水源水质达标率一直保持在100%。勐海县境内其他的主要地表水为纳板河、流沙河、南览河、南果河、勐邦水库、曼满水库，经相关部门的监测显示，勐海县地表水水质状况总体上保持良好，全部达到《云南省地表水水环境功能区划（2010—2020）》的要求。

污染减排，也是勐海县“十二五”环境保护工作的重点之一。从控制增量、削减存量入手，克难攻坚，挖潜提效，狠抓落实。勐海县自2011年起至2015年连续5年完成了西双版纳州下达的减排任务。通过了西双版纳州对勐海县减排工作的审核。勐海县对乡村的排污工作也很重视，数据最能说明问题：最近几年县里先后在各乡镇建成垃圾填埋场8个，新建垃圾收集房114个，新增垃圾箱266个、垃圾桶667个，因地制宜建立了“组保洁、村收集、乡镇转运处置”的运作机制。还建了37个污水氧化塘，1549米污水氧化沟。为保持青山绿水的环境做出了切实的努力。

民生优先，科学发展，这是勐海县生态文明建设的一个重要指导思想。

“十二五”期间，勐海县11个乡镇全部被命名为云南省生态乡镇，成功创建了9个国家级生态乡镇、5个省级生态文明村、76个州级生态村，勐海县被云南省政府命名为“云南省生态文明县”，被列为国家生态保护与建设示范区。

生态的示范建设，任重道远。在勐海县的“十三五”规划中，我看到了这个县明确的努力方向和具体的奋斗目标：

到2020年，勐海县基本建成生态文明示范区，推进国家主体功能区及重点生态功能区建设，大力推进和巩固国家级生态县创建成果，积极争创国家级生态文明县，促进生态环境进一步改善、生态系统更加稳定，在全省生态建设中走在前列。将生态文明建设融入经济建设、政治建设、文化建设、社会建设中，成为勐海城市打造的重要品牌。

为了实现生态文明建设的目标和任务，勐海人都在努力。

2016年，勐海环保局的傣族女干部周坤光荣获得首届“中国生态文明奖先进个人”称号，为勐海的生态文明增光添彩。为此，西双版纳州环境保护局下发通知，决定在全州环保系统开展向首届中国生态文明奖先进个人周坤同志的学习宣传活动，以弘扬先进人物精神，进一步加强国家生态州创建工作，使全州生态文明建设工作上了新台阶。

周坤作为一名边疆少数民族妇女干部，从17岁参加工作至今已37年，无论在计经委还是在城乡建设环境保护局，一直从事环境保护工作。先后组织完成了勐海县很多有关生态的技术报告和宣传手册的制作。勐海良好的生态环境造就了驰名天下的“古树老班章”和“大益”普洱茶品牌等特色生态农业，使之成为“国家生态保护与建设示范区”。周坤作为勐海县环保局骨干，从2011年至2014年均被评为优秀公务员，并荣获三等功。为勐海的生态文明建设做出了重要贡献。

勐海在生态文明的创新与示范之路上，正大步前进。

洱源县的生态奋进之路

洱源，是一个美丽的小城，简洁，干净。白云朵朵从头顶飘过，带来诗意和温馨。县城小广场正中的围栏上刻着四个大字：“洱海之源”，彰显出这个小城特殊的位置。十根高大的石柱分列两旁，上面雕刻着白族和各民族人物的身姿。

洱源的名称告诉我们，它和洱海之间有着不可分割的关系。它是洱海的源头，洱海70%的水量来自洱源。这里有25条河流源源不断地流入洱海，为它提供着充足的水源。洱海流域有六条主要河流和五个湖泊，三条主要河流形成“川”字形汇入洱海，常年水流量约占洱海常年径流总量的70%左右。这样重要的关系，让洱源水流的治理变得更加关键。

我在洱源街头曾经见到过这样的标语：“洱源净，洱海清，大理兴。”“保护洱海使命光荣，发展洱源责任重大。”简短的两句话，就把洱源的使命意识彰显无疑。前一句体现的是科学理念，后一句体现的是思想共识。

为了洱海的净洁，洱源人一直都在努力奋斗。近年来，洱源县委、县政府始终把洱海保护和生态文明建设放在一切工作的首位，正确处理发展与保护的关系，着力推进洱海保护治理“六大工程”和生态文明“七大体系”建设，扎实推进生态文明试点县建设的各项工作，不断促进经济建设与生态建设协调发展。

从环保局王副局长的介绍中了解到，洱源是率先在全省实现省级生态乡镇创建的县份之一，早在2009年，洱源县就被国家环保部命名为第二批全国生态文明建设试点县。这是光荣，也是重任。

目前只有27名干部、职工的洱源县环保局，肩上的担子是非常重的。好在有县委、县政府的重视，有基层各部门的支持配合，他们的工作正紧张有序地进行着。洱源大地上分布着很多河流，如同洱源的血管，它们的洁净与否直接关乎洱海的安全。为了强化洱海源头环境的监督管理工作，洱源县37名县处级领导亲自挂帅，分别担任了一些重要河道的“河段长”，切实负起责任。100名河道协管员则分散在各个河道，确保江河的清洁，切实把好洱海入关水。

了解了环保局的诸多措施和做法后，才会明白他们为什么会获得省级文明单位的称号。墙上那一排排奖状，每一张后面都是洱源环保人付出的汗水和辛劳。

为了保护好洱海，洱源人牺牲奉献的精神非常让人感动。几年前，洱源县的定位就很明确，要建设成洱海的生态功能区，让洱海的源头变得更加洁净。为此，洱源县不得再发展高能耗、高污染的行业。已有的污染企业一律搬迁或者取缔。所以，只有走“生态优先”

的发展道路，才能为洱源带来新的活力。发展生态产业的优势、调整种植业结构的潜力，优化生产力布局的空间，才是一条科学发展之路。

洱源人一直在为生态建设努力探索着方向，生态旅游就是其中的目标之一。丰富的自然资源，深厚的民族历史文化，都是洱源的宝贵财富。目前一些文化古镇正在建设中或已经建设好，茈碧湖、下山口、邓赕诏、凤羽古镇已经渐成规模。全县直接或间接从事旅游的人员已经过万。单是2011年，全县的旅游总收入就已经达到4亿多元。近年又有所增加。

茈碧湖是洱海的源头之一。

如果说洱海是大理人的母亲湖，茈碧湖则是洱源的母亲湖。清晨的茈碧湖美丽娴静，犹如一个朴素的乡村女子，青衣素带，不施脂粉，却又有着婉约的风姿。轻风过处，湖面上有细碎的波纹荡起，白鹭从水面掠过，野鸭在水中觅食。几只打捞杂草的小船缓缓划来，更给茈碧湖平添了几许诗意。

如果一个诗人在此，此刻一定会为茈碧湖写下最动人的诗篇。但是，陪同前往的环保局干部老段，和我说得最多的是茈碧湖的生态和环保。作为洱海源头的茈碧湖，身上承担着沉甸甸的责任与义务。为了实施截污治污工程，全县先后完成洱海流域内20家宾馆、饭店、山庄（温泉）等废水排放企业整治工程和县城老城区污水收集管网建设。共建成1个县城污水处理厂和流域5个集镇污水处理厂，35个重点村落采用硅藻精土一体化等工艺建成了村落污水处理系统。

据说以前茈碧湖周围非常热闹，每到周末洱源人便会呼朋唤友，来这里打牌、吃饭，休闲度假。但我此刻看到的茈碧湖周边却非常安静，餐馆和娱乐设施已经关闭，一切都是为了茈湖碧的治理，不让污水流入湖内，再去污染洱海。

为了净化水源、保证水质，茈碧湖周边已经落实了“三退三还”（退滩还湖，退塘还湖，退房还湖）的政策，开发建设成连片的湿地。那些“失地”农民一公顷地每年可以领到两千元补偿。再加上其他种植、外出打工，过上小康生活是没有问题的。

在生态文明建设中，洱源对历史文化的保护和重视，也值得一提。

为了加强原生态历史文化的保护开发，县里积极保护开发凤羽历史文化名镇、德源古城等历史文化遗迹，切实抓好梨园生态村、松鹤白族哨呐村、凤羽白族农耕文化村、邓川白族饮食文化区、右所民族教育村、西山白族歌舞村的保护开发，充分挖掘和弘扬具有地万特色的白族歌舞、西山调、洞经音乐、白族唢呐、霸王鞭、龙狮灯等民俗文化。让历史文化为生态文明增添光彩。

在生态文明建设示范、创新的道路上，洱源一定会收获更多的成果。

行走在茈碧湖的湖光山色中，我又想起了“洱源净，洱海清，大理兴”这句话，它的内涵引人深思、让人赞叹。

祝愿洱源的山水更洁净，风景更美丽。

二、走出示范和表率之路

云南除了在全国的生态文明创新、示范中起好带头作用。省里为加快推进生态文明排头兵建设，提升区域环境质量，促进经济社会与生态环境协调发展，也开展了一系列命名和表彰活动。是荣誉也是责任，一些地区和单位，要在全省的生态文明建设示范区创建中起到模范带头作用。

2017年3月，云南省人民政府以云政函〔2017〕25号文下发了《关于命名第一批云南省生态文明州（市）、第二批云南省生态文明县（市、区）和第十批云南省生态文明乡镇街道的通知》。省人民政府决定命名西双版纳州为第一批“云南省生态文明州市”，昆明市五华区等13个县（市、区）为第二批“云南省生态文明县市区”，昆明市寻甸县金源乡等185个乡（镇）、街道为第十批“云南省生态文明乡镇街道”。生态文明建设示范区创建，是生态文明建设的重要载体。获得命名的地区要为实现绿色发展、建设美丽云南做出新的更大贡献。

冠有“北回归线上的绿色明珠”的西双版纳傣族自治州，被命名为第一批“云南省生态文明州市”。这是一次实至名归的表彰，是西双版纳州全面实施生态立州战略、大力推进国家生态州建设的收获。在积极探索符合实际的生态文明建设道路上，生态环境明显改善，生态文明建设成效显著，走出了一条独具特色的生态文明发展之路。西双版纳保存了较为完整的热带生态系统和森林植被，被誉为“动植物王国”和“物种基因库”，是我国重要的生物多样性宝库和西南生态安全屏障。它将在今后的生态文明创建之路上，为全省做出表率。

昆明市有三区两县荣获“云南省生态文明县市区”称号，它们分别是五华区、盘龙区、官渡区、富民县、禄劝县。

其中的禄劝彝族苗族自治县，地处滇中北部，是昆明市下辖的一个集民族、山区、贫困、革命老区为一体的少数民族自治县，距离昆明72千米，是由滇入川的“北大门”，素有“三水一江地，彝歌苗舞乡”的美誉。它能获得如此荣誉，和县里对生态文明建设的重视和推动是分不开的。

早在2008年，禄劝县的生态建设就紧锣密鼓地拉开序幕。县里成立了“四创两争”工作领导小组，负责生态文明示范县创建的组织、管理和协调工作，形成上下联动、齐抓共建的生态文明创建机制，以“规划先行，科学引领”为原则。禄劝县人民政府还开展了《禄劝彝族苗族自治县生态县规划》的编制工作，通过云南省环保厅组织的专家评审。通过禄劝县人大审议并颁布实施，有序推进生态建设工作。经过多年的努力，取得了可喜的成果。

富民县地处滇中，距昆明仅23千米。自古为川藏、滇北入滇中重镇昆明之要津，素有“滇北锁钥”之称。富民盛产稻谷、玉米、小麦、烤烟、茭瓜、板栗、药材、杨梅、葡萄、冬桃、樱桃等粮经作物。生态环境优良，先后被列为省市生猪、禽蛋、板栗、优质大米生产基地和“菜篮子”工程基地。

富民县历来重视生态文明建设，也是从2008年以来就开始创建生态县的工作，2009年全面启动。此后连续三年深入开展省、市级生态村、省级生态乡镇、国家级生态乡镇的创建工作。形成了一手抓经济、一手抓生态建设的良好风气，坚持既要“金山银山”，更要“绿水青山”的发展理念。近年来成功创建了“国家卫生县城”“云南省园林县城”“云南省文明县城”，积累了建设生态文明的诸多经验。2017年又被命名为“云南省生态文明县”。

富民的目标是建设成山水园林卫星城，积极争当全市生态文明建设排头兵。这次命名，为富民今后的生态发展奠定了坚实的基础。

玉溪市被命名的三个县是：华宁县、峨山县、新平县。

其中的峨山县，是中华人民共和国成立后建立的第一个彝族自治县。也是云南省第一个实行民族区域自治的县，早在1951年5月12日就已经建县。

自2005年启动生态县建设工作以来，峨山县的奋斗目标非常明确和具体。那就是通过努力，把峨山县建设成中国第一个生态彝族自治县。为此，全县上下始终坚持把生态文明建设作为峨山发展的着力点，积极推进一系列扎实有效的工作举措。经过十余年的努力奋斗，峨山县生态文明建设工作成效显著，取得了许多成就。峨山是全省第一家编制实施生态县建设规划的县区。2006年就编制了《云南省峨山彝族自治县生态县建设规划（2006年—2020年）》，并通过县人大审议后颁布实施。

经过全县上下的共同努力，“绿色创建”成绩突出，生态创建成效明显，环保观念深入人心。或许用数据更能说明问题：峨山已经成功创建省级绿色学校11所，市级绿色学校22所，省级绿色社区3个，市级绿色社区6个，市级生态村25个。2010年11月，全县八个乡镇（街道）全部创建成为“云南省生态乡镇”，实现了生态乡镇全覆盖，成为玉溪市最先完成生态乡镇全覆盖的县区。2013年4月，小街街道及塔甸镇又获得国家级生态乡镇命名。

因为生态文明建设成绩突出，峨山先后被授予“辉煌十一五•中国最佳绿色生态县”“全国生态文明先进县”“云南省园林县城”“云南省卫生县城”等称号。现在又被命名为“云南省生态文明县”，是名副其实的。

还是来看看峨山具体的生态建设成果，才能更好地理解他们所获得的荣誉。

至2016年，全县森林面积达15.02万公顷，森林覆盖率达66.40%。全县城镇人均公共绿地面积达25.88平方米，一个“绿色峨山”已经具备雏形。因为生态环境良好，经相关部门检测，连续三年峨山县城的环境空气质量优良率均为100%，未出现超二级天数。

建设一个绿色、生态、美丽的新峨山，是峨山人的理想和追求。

保山市这次被命名为“云南省生态文明县”的是腾冲市。

提起腾冲，就会让人想起美丽宜居的侨乡和顺，风光如画的北海湿地，还有银杏村那些在秋风中像蝴蝶一样起舞的银杏叶，会让人沉醉在诗意中乐而忘返。还有高黎贡山的壮美多姿，国殇墓园的历史之页……

腾冲，一个极边之城，一块丰富多元的土地。

腾冲因为独特的自然和人文风光，先后获得了“中国翡翠第一城”“中国第一魅力名镇和顺”“中国优秀旅游名县”“最具魅力的中国十大风景名胜区”“中国最美宜居宜业宜游名县”“2014年中国最具旅游价值城市”等荣誉，并入选胡润榜2014全球优选生态旅游目的地。

坚持“生态立市”是建设“美丽腾冲”的重要指导思想。建设“天蓝、地绿、山清、水秀、气爽”美丽腾冲，是具体的目标。

在腾冲，健康和谐的生态观念已经深入人心。每年环保部门都会开展形式生动多样的宣传活动，向广大市民普及生态文明的知识，树立起保护生态、爱护环境、节约资源的观念。比如“5·22”国际生物多样性保护日、“6·5”世界环境日等，腾冲都会开展以“美丽腾冲，天天环保”为主题的宣传活动。还会组织自行车绕城骑行、发布环保公益短信、张贴宣传海报、举办环保法规与知识讲座等方式，深入开展生态文化建设工作。树立尊重自然、保护自然、顺应自然的理念，为生态文明建设筑牢思想基础。

到目前为止，腾冲已经创建国家级生态示范乡镇2个（和顺、腾越）、省级生态示范乡（镇）6个（猴桥、固东、荷花、界头、北海和马站）；创建省级绿色社区9个、省级绿色学校10所、市级生态村35个，目前正在积极申报创建五合、清水、芒棒、曲石、中和5个省级生态乡（镇）。

其中的和顺古镇，位于腾冲县城西部4千米，是云南省著名的侨乡。因为悠久的历史文化和丰富的旅游资源，2005年获得“中国第一魅力名镇”殊荣后，还先后荣获了“全国环境优美镇”“国家级历史文化名镇”“中国十佳古镇”“全国首批美丽宜居示范小镇”“第三批中国传统建筑文化旅游目的地”等荣誉称号。近年来，和顺镇紧紧围绕“旅游富民兴镇”的目标，坚持提质增效、稳中求进、好中求优，扎实做好各项工作。

和顺以它的独特魅力吸引着全世界的旅游者。每年来这里参观游览的游客都是几十万人次，旅游收入占了经济收入的很大比重。当地政府坚持“生态立镇”战略，生态建设成效显著。依法保护古镇，做好古镇保护与开发工作。教育、文化、卫生、侨务、社会保障、综治维稳等各项民生事业取得新进展。

大理州，这次被命名的有3个县（市），分别是大理市、洱源县、剑川县。

其中的剑川县，2008年就被列为大理州唯一全国重点生态功能区县域。全县以生态保护和经济发展相融为主线，先后投入2.2亿元，统筹推进生态建设重点工作，区域生态文明环境质量明显改善，经济社会持续健康发展，人民生活水平显著提高，走出了一条具有剑川特色“差别化发展”的生态文明之路。

大理有洱海，剑川有剑湖。剑湖位于剑川县城东南方，出县城东门后沿金龙河堤前行两三千米便可到达。它是全省28个高原淡水湖泊之一，湖面面积6.23平方千米，相应库容1680万立方米，位于我国西部候鸟迁徙的通道上，既是候鸟迁徙过境的集结点和停歇地，又是迁徙水禽的越冬栖息地，分布有水生微管束植物区系26科45属59种，是物种极为丰富，生物多样性明显的高原淡水湖泊。剑湖湿地省级自然保护区由剑湖、玉华水库以及两者周围面山流域汇水区及森林组成，南北长12.3千米，东西宽6.2千米，保护区总面积4630公顷。

剑湖的四季，有不同的风景等待着游人。

春天这里的河堤上一片桃红柳绿，莺啼燕舞，芦苇飘荡；还有田野中的蚕豆花、油菜花，五彩缤纷，风光迷人。夏天，剑湖周边的果园瓜果飘香，秋天湖面波光粼粼，远山倒映水面。冬天这里也不会寂寞，水鸟不离不弃地守着湖水，飞翔于蓝天下。所以一年四季都有游客来剑湖观景、休闲，各取所需。

近年来，剑川县高度重视剑湖的保护和周边环境的改善，以立法的形式明确了剑湖海拔2188.1米水位控制线，成立了剑湖湿地保护管理局，抓保护，抓清洁，抓建设，依法治理，科学规划，不断推进剑湖湿地的保护和恢复工作。并以剑湖湿地整治为核心，统筹推动西湖湿地、羊岑兴文湿地、沙溪寺登湿地、马登湿地、弥沙大邑湿地、老君山富乐湿地建设，各湿地逐渐发展成独具魅力的旅游景点。

剑湖周边的生态环境，是剑川生态文明建设的一个缩影。

昭通市这次被命名的是水富县。

水富，位于金沙江边。有“万里长江第一港”“七彩云南北大门”“温泉之都”等美称。水富县被命名为“云南省生态文明县”，实现了昭通生态文明县“零”的突破。近年来，水富县高度重视生态文明建设工作，立足生态立县的要求，紧紧围绕共建长江经济带生态文明建设目标，把生态文明建设示范创建工作作为环境保护工作的有力抓手，生态文明建设不断迈上新台阶。

建立了“生态立县、环境优先”的发展理念，水富县不断加大生态环境保护和生态文明建设力度，切实筑牢长江上游重要生态安全屏障。该县不断完善环保基础设施，城镇生活污水集中处理率达到80%以上，城镇生活垃圾无害化处理率达到90%以上。

水富县依山傍水，有丰富的生态资源。目前全县已经封山育林约2.34万公顷，林地面积达到约3.01万公顷，森林覆盖率达到64.18%，建成区绿化覆盖率达到38.5%，人均公共绿地面积达到10.5平方米，完成境内100千米生态长廊建设目标。初步形成了以道路绿化为框架，以单位庭院和居住小区绿化为基础，以公园、广场绿化为依托，春有花、夏有绿、秋有果、冬有青的乡村、城市生态体系。

在创建中，水富县不断加强城镇公共绿地建设，大力实施城镇增绿、村庄绿化、景观绿化等工程，着力打造点、线、面宜居生态环境，构建以绿化景观带、大型绿地、中小花园广场、绿色廊道为主的绿色空间体系，目前城镇公共绿地面积达76.52万平方米，县城绿化覆盖率达38.5%。走在水富县城，绿意盈盈，清风拂面，犹如走进一个生态公园。

为了提升、普及生态文明建设的观念，全县还积极开展“环保宣传”进学校、进企业、进社区、进农村活动，倡导群众绿色消费、低碳生活、绿色出行，切实让绿色发展理念深入人心，形成了“层层发动、人人参与”的良好氛围。

全县1街道3镇先后荣获“云南省生态文明乡镇”，实现了省级生态文明乡镇全覆盖；全县有16个村获市级生态村，占全县22个涉农行政村（社区）的73%。全县创建绿色学校24所，其中省级绿色学校3所、市级绿色学校6所、县级绿色学校15所；创建绿色社区2个，其中省级绿色社区1个、县级绿色社区1个；创建市级环境教育基地1个。

金沙江从水富城边缓缓流过，滋养着这个有着“三川半”特色的小城。在生态文明建设中，它已经形成自己的特色和优势，为昭通市争得了荣誉。今后，它还将担负起示范和表率的重任，创造出更加丰硕的成果。

三、践行者与丰硕成果

乡镇、街道是最基层的地方，相当于一个社会的细胞。结构虽然不大，在生态文明建设中却发挥着不可替代的重要作用。那些被命名为“第十批云南省生态文明乡镇街道”，就非常值得我们去关注，去发现它们的特色，总结它们的经验。因为数量比较多，我只能选择几个比较典型的地方做一些介绍。立体多元的地理和民族特色，一直是云南高原特色的体现。从这些乡镇的生态建设成果中，可以透视出云南生态文明建设的方法和路径，总结出一些可以推广的经验。

德宏州·芒市·三台山乡

德宏州共有21个乡镇街道被命名，其中芒市有风平镇、芒海镇、三台山乡、中山乡、西山乡、五岔路乡6个乡（镇）入选。

三台山乡，是全国唯一的德昂族乡，芒市唯一的民族乡，全国21%的德昂族就生活在这里。这里有全国最大、最完整的德昂族民俗历史博物馆。德昂族旧称“崩龙族”，是中缅交界地区的山地少数民族，根据德昂族妇女的裙子上所织线条的不同色调，当地汉族人分别称她们为“红崩龙”“花崩龙”和“黑崩龙”。根据本民族的意愿，1985年9月经国务院批准，“崩龙族”正式更名为“德昂族”。德昂族还是云南8个人口较少的民族之一，国内人口只有两万多人。德昂族的民族历史悠久，一直和大自然保持着亲和的关系。他们善种茶，几乎每户都栽种茶树，素有“古老茶农”之美称。在德昂族古老的传说中，一路向南温暖的地方，有一朵神奇的七叶莲，一茎长七片叶子，开一朵向阳的花面，生在最清澈的水边。他们的祖先蒲人不断迁徙，就是为了寻找水草丰茂、七叶莲盛开的居住地。从这个传说中可以感受到这个民族对美好生活的追求和向往。

乡党委、乡政府结合民族乡的特点，以“科学发展、富民强乡”为目标，以两个相结合推动民族文化发展和地方经济发展，探索出一条民族文化产业化发展与生态相结合的发展新路。“十二五”期间三台山乡计划发展坚果约3333.33公顷，发展咖啡约2000公顷，大力推广坚果套种咖啡种植模式，为各民族的经济发展带来福音。

这个乡在民族文化与旅游相结合方面特色突出。

比如打造德昂族博物馆民族文化旅游景观，开发出冬瓜自然村生态旅游村寨及老岗山、女王宫民族特色景观，开发允欠温总理足迹景观及特色民族文化旅游，开发芒里电站库区观光旅游，开发民族特色村寨旅游观光及古树景观……民族文化旅游资源的开发，促进了民族文化旅游的发展。

另外，他们通过民族文化与人居环境打造的结合，充分利用三台山乡被云南省政府列入生态园林小镇建设的契机和地处芒市、瑞丽中间段的有利条件，把德昂族文化的挖掘、传承和保护与现代文明结合进行。目前已经规划了约66.67公顷丘陵地，准备用来打造德昂古寨村落，吸引游客观光或居住。通过民族文化和人居环境打造的结合，一定会使德昂文化得到更好的宣传和传播。

三台山乡的风景非常美丽，除了自然风光外，民族风情也非常浓郁。德昂族信仰小乘佛教，村村寨寨到处可见佛寺和佛塔，掩映在绿树丛中。作为“跨境民族”和“直过民族”的德昂族，素有热爱自然、保护生态的传统。在生态文明建设的道路上，他们正在努力前进。

其中的出冬瓜村，就是一个风景优美的德昂族村寨，保持着浓厚的德昂族民族文化，被列为中国文化与发展伙伴关系项目参与式社区文化旅游示范村。来到这里，可以感受德昂族的酸茶室、织布房，可以观看水鼓舞表演队的精彩表演。村子里还生活着国家级非遗项目《达古达楞格莱标》的省级传承人李腊拽。

2017年6月22日，芒市地区2017年党政军警民义务植树暨芒市杨善洲纪念林建设启动仪式在芒市三台山德昂族乡举行。州、市党政军警民共同参与。这是一次助力家园美化、践行生态保护、播种绿色希望的行动。

三台山乡的生态建设，会有更美好的前景。

怒江州·贡山县·独龙江乡

怒江州有七个乡镇入选，分别是：泸水市六库镇、泸水市鲁掌镇、泸水市片马镇、福贡县上帕镇、贡山县茨开镇、贡山县独龙江乡、兰坪县啦井镇。

贡山县独龙江乡，虽然地理位置偏远，但是在全国的知名度却很高。它是中国人口最少的少数民族之一——独龙族唯一聚集的地方，是中国独龙族民族文化传承保护区（已列入国家非物质文化遗产目录），也是高黎贡山国家级自然保护区和“三江并流”世界自然遗产的核心区之一。

独龙族，旧称“俅人”，是云南8个人口较少的民族中人口最少的一个，目前尚不到一万人。独龙族是跨境民族，境外人口主要聚居于缅甸北部的恩梅开江和迈立开江流域。独龙族有自己的语言无文字，过去多靠刻木结绳记事、传递信息。中华人民共和国成立后，经过多年的现代教育，现在已经培养出本民族的大学生，还有硕士、博士，文化程度有了大幅提升。

独龙江乡隶属贡山独龙族怒族自治县，地处缅甸北部和中国云南、西藏交界接合部，位于贡山县西部，距贡山县城31千米。西与缅甸联邦相连，北邻西藏自治区察隅县。全乡总面积1997.3平方千米，国境线长91.7平方千米，分布在独龙江两岸。乡民以农为主，主要种植玉米、荞麦、豆类等农作物。

独龙江一方面自然风光秀丽，一条碧绿的独龙江纵贯全境，沿江都是绿水青山。但另一方面山高坡陡，自然条件很差，是有名的贫穷落后地区之一。

2010年以来云南省政府对独龙江乡实施了“整乡推进”的扶贫政策，重点推进了“安居温饱、基础设施、产业发展、社会事业、素质提高、生态环境保护与建设”的“六大工程”，累计投入建设资金13.04亿元，在全国开创了整乡推进、整族帮扶的扶贫开发新模式、新经验，得到了党中央、国务院的高度重视，习近平总书记曾经专门就独龙江公路隧道贯通一事做出重要批示。

昔日偏僻落后的独龙江，现在已经发生了很大的变化。

乡政府大力推进生态产业发展，依托自身优势，集中发展草果、重楼、中蜂等种植养殖产业。独龙江地势险要、山高坡陡。对于那些

25度以上的坡耕地，乡政府因地制宜，实施退耕还林政策，种植经济价值较高的林木，实现生态文明建设与守住耕地红线、山区群众脱贫致富相得益彰、共生共赢的新格局。

独龙江乡在实施“六大工程”的同时，还把全乡所有建档立卡贫困户聘为生态护林员，让推进生态保护和脱贫攻坚的目标同时实现。经过努力，独龙江的生态环境有了很大提升。乡里还新建了垃圾处理厂、污水处理厂等设施，使独龙江的生态环境有了具体的保障。

贡山县老县长、全国有名的道德模范高德荣接受记者采访时说过一段话：“有的地方是因为破坏生态环境而富，独龙江则是因保护生态环境而穷，但独龙江这么好的生态环境，一定要好好保护，这不只是独龙族和怒族人民的，还是全国人民的。”他还精辟地指出：“开发不能随意性，只讲保护不发展不行，只讲发展滥开发更不行。要在保护中发展，在发展中保护。”[1]

高德荣老县长的这段话，说出了独龙乡生态保护的关键，值得深思。退休后的高德荣选择回到独龙江乡老家定居。他对如何保护独龙江的生态环境有自己的思考，对发展民族经济有突出贡献，为周围的人做出了表率。

楚雄州·双柏县大麦地镇

楚雄彝州有28个乡（镇）入选。

其中的大麦地镇地处双柏县西南方，下辖9个村民委员会，116个自然村，126个村民小组。这里历史悠久，彝、汉杂居。一条名为绿汁江的江流，婉转流淌在大麦地的土地上。当地彝族人的彝语称之为

“待地依漠”，意思是森林覆盖的河流。叫它绿汁江更有特色，它如同一条玉带，为大麦地增添了诗情和韵味。

近年来以小豹子笙、陀螺为代表的民族民间文化得到了传承和保护，为推动大麦地镇的文化建设，培植文化产业，促进民族文化旅游业的发展，起到了积极的作用。有名的“小豹子笙”，就流传于大麦地镇的峨足村。

每年的农历六月二十四、二十五，当地彝族人都要组织人跳一种裸体蒙面文身的舞蹈。一般由12名12到13岁的男孩子担任。他们全身赤裸，身上画上各种豹子花纹，还要用粽叶遮面。在有节奏的锣鼓伴奏声中迅速变换不同舞步，舞者一开始各守一个山头，然后随着不同的锣鼓声“小豹子”开始下山，在村子里的土掌房上跳，最后还要到各家各户和庄稼地里跳。据说这样跳舞的目的，可以为村里人家撵鬼、驱病、除害，为家家户户祈求平安吉祥、人畜兴旺。

这里还是彝族“查姆文化”的发源地。1958年云南民族民间文学楚雄调查队发现的《查姆》，就是由大麦地一个叫施学生的彝族毕摩翻译的。现在大麦地的《查姆》已经被列入国家级非物质文化遗产，彝族毕摩方贵生也因为对《查姆》的传承和保护有贡献，成为国家级非物质文化遗产的传承人。

在产业结构方面，大麦地镇因地制宜发展绿色生态产业。大麦地镇具有海拔低、气温高、光照足等优势，红提成熟时间早于省内大部分地方。于是在云南绿汁江农业投资开发有限公司的帮助下，大麦地镇先后引进葡萄种植企业16家，种植大户4家。约695公顷美国红提葡萄已经在这块土地上安家落户，还有金丝小枣、突尼斯软籽石榴、火龙果等品种，开始形成以早熟葡萄为主的绿汁江热带作物产业新链条。3个村委会9个村小组的300余户群众从中受益。

收获的季节来到大麦地，田野处处飘着瓜果的清香，农户家家为美好的生活而劳作。大麦地人已经尝到了走绿色生态之路的甜头。

迪庆州 · 德钦县 · 奔子栏镇

迪庆州有四个乡（镇）入选，分别是香格里拉市建塘镇、香格里拉市虎跳峡镇、德钦县升平镇和德钦县奔子栏镇。

奔子栏位于德钦县东南、金沙江西岸、白茫雪山东麓。距中甸县城81千米。是奔子栏乡政府驻地，为藏族聚居区。奔子栏是藏语音译，意为美丽的沙坝。位于中甸至德钦公路的咽喉，也是古渡口，为进藏必经之路。在金沙江上游有很高的知名度。作为滇藏茶马古道上的咽喉重镇，它曾经有过辉煌的历史与繁荣。

奔子栏是“三江并流”世界自然遗产区域气候多样性的一个典型，虽然与年降雨量达4600毫米的独龙江直线距离不过110多千米，可这里的年降雨量却只有374毫米，是典型的干热河谷气候。比如位于巴拉格宗大峡谷入口处的上桥头村，因为拥有温暖的干热河谷气候，一年四季繁花似锦，美丽非常。

奔子栏曾是茶马古道上的商业重镇，历史上从云南和四川来的马帮都喜欢聚集于此，稍作休憩后再一起结伴翻越白马雪山进入藏区。时间长了，这里渐渐形成了一个藏汉互市的重要场所，一度热闹非凡。在长期的文化交流活动中，这里的藏族文化也呈现出了独特的地域特点。

除了美丽的风光，奔子栏手工制作的民族工艺品也名扬四方。比如木碗、糌粑盒、酥油盒、藏式家具等，都因做工精美而闻名全藏区。很多村庄的村民都拥有一手好木工手艺，行走在奔子栏周围的村庄，总能见到几个正在用土漆绘制木器的村民。安静而沉稳地工作着，沉浸在民族文化的气氛中。

这里还有着独特的藏族锅庄文化，已经被国务院批准列为全国第一批国家非物质文化遗产名录。而锅庄组成中最为独特的要数锅庄服饰，因此，服饰文化在奔子栏藏族的生活中占有重要的地位。每年的藏族年节，奔子栏的男女老少都会穿上五彩缤纷的服装，载歌载舞欢庆一番。

奔子栏的自然生态和人文生态，在迪庆州的生态文明建设中，都有其特色和地位。在生态旅游的热潮中，正在迎来更多的旅游者。

云南省命名的“第十批云南省生态文明乡镇街道”还有很多。我不可能在这部书里全部把它们介绍给读者。通过以上一些有代表性的乡镇的介绍，可以窥见一些共同的特色和亮点：生态文明建设，就是要保护好各地的自然资源和生态环境，实现可持续发展，为各族人民带来美好的生活。

这些获奖的乡（镇），是云南基层生态文明建设的践行者，也是生态文明建设的榜样。

注释：

[1]引自王佳勇：《走近独龙族的优秀党员干部高德荣系列报道之四：发展不能忘了保护生态》，载于“怒江大峡谷网”2014年12月23日。

第八章　美丽乡村与诗意乡愁

在《云南省美丽宜居乡村建设行动计划》中，对建设美丽宜居乡村，有这样的阐述："建设美丽宜居乡村是云南实现跨越式发展、与全国同步全面建成小康社会目标的重要举措，是建设美丽云南的重要基础，是践行党的群众路线，让广大农民群众共享改革发展成果，提高农民生活品质的重要途径。"

一、总书记的大理乡愁

2015年1月20日，一个喜讯像春风一样吹遍大理：习近平总书记一行来到大理视察，他还深入到白族农家和白族群众一起座谈，谈到了乡愁，对洱海的治理做了重要指示。这在大理历史上，是个值得记住的时刻。

云淡风轻，春风拂面，万物更生，这是大理最美丽的季节。

在云南省、市领导的陪同下，习近平总书记在湾桥镇古生村的洱海边驻足停留，吹着春风，眺望洱海。习总书记面对洱海的迷人风景，生出了诸多感慨。但他不是来观景的普通游客，而是心里装着全国发展局势的国家领导人。此行就是要对洱海的保护、治理进行深入细致的考察和调研。

他在古生村看到的洱海，经过大理市相关措施治理后，水质已经达到二类，呈现出不错的景致。总书记向当地干部详细了解了当地生态的保护情况，对洱海的治理尤其关心。他和干部们合影留念，同时也给他们布置了新的任务："立此存照，过几年再来，望水更干净清澈。"

干部们频频点头，记下了总书记的殷殷嘱托。

这是对洱海的美好希望，也是对大理人的鞭策和鼓励：要把洱海的事做好，守住绿水青山。这是历史赋予的重任。

洱海是云南第二大淡水湖，也是大理人的母亲湖。它犹如一弯新月，镶嵌在苍山怀抱，闪烁着美丽动人的光泽。它是一面明镜，映射出苍山十九峰雄伟的身姿。“苍山不墨千秋画，洱海无弦万古琴”是对这块充满诗情画意土地的最好描绘。白族人世代围绕洱海而居，创造了古老的文明，建设着美好的家园。

风花雪月，是大理最美的风景，也是大理最生动的名片。“西南雄阔地，苍洱大名垂。”洱海是一颗明珠，见证着大理古老悠久的历史和时间岁月中这片土地日新月异的发展进步。

每一个来到大理的游客，第一个愿望就是去看向往已久的洱海，渴望在它的清波里洗去旅途的尘埃。当地民间艺人这样吟唱洱海：

人人都夸大理美
美就美在有洱海
鱼儿成群野鸟唱
美如人间仙境

看了洱海之后，习总书记来到面对洱海的村民李德昌家小憩。

这是一个典型的白族人家的院落，高门深院，花草繁茂，几只鸟儿在树荫间轻声啼鸣。不出院门便可以欣赏到鸟语花香的景致，侧耳之间便可以谛听到洱海轻拍堤岸的波涛声。习总书记进门后心情非常愉快，首先查看了李德昌家的厨房，细心询问他家的生活状况。李德昌后来对我形容说：“总书记非常平易近人，问的都是和我们的日常生活相关的事，原来很紧张的心情，一下子就轻松了。”

习总书记看了李德昌家的院子、房屋，对他家客厅里的陈设尤其感兴趣。这里是白族人家民族文化最集中的地方，正中是一幅寿星图，两旁分别是喜鹊登枝和松鹤延年的条幅。左边墙上挂着一幅“家和万事兴”的匾额，还挂着祖先的画像。右边墙上是家人的合影，还有一幅孩子取名的“起名帖”。这是李德昌家大孙子刚满月时，村里一位老先生送的恭贺起名的帖子。孩子名为李栋荣，帖子上赐诗一首：“才高八斗出栋才，荣华富贵靠自己。一身只有勤劳动，留得芳名世代传。四代同堂乐，幸福永久长……”

李德昌回忆说，习总书记对这幅帖子很感兴趣，认真看了好一会儿。

现在墙上多了几幅李家人和习总书记的合影，把那个幸福的时刻永久地保留了下来。这个四代同堂的白族家庭，一定会永远记住那个特殊的时刻，把美好的故事一代代传扬下去。

习总书记在李德昌家干净、清爽的院子里坐了下来，和乡亲们拉起家常，他感慨地说：“这里环境整洁，又保持着古朴形态，这样的庭院比西式洋房好，记得住乡愁。”他还说：“我是第一次来大理，从小就知道苍山洱海，很向往。看到你们的生活，我颇为羡慕，舍不得离开。”说起这段往事，质朴的李德昌笑了。

正是在他家这个传统古朴的小院里，习总书记亲自体验了白族人家的幸福生活，说出了那段关于乡愁的名言。

何谓乡愁？就是你离开这个地方之后，还会想念的地方。

现在，距离习总书记来这里，已经过去了两年多时间，每天还会有游客络绎不绝地来李德昌家的小院里参观访问。我在这里的一个多小时里，就来了几拨广东、山东、山西的游客，进门后都要在习总书记坐过的地方拍照留念，然后观赏院里的各种花木，逗架上的鸟玩。走时依依不舍，都说舍不得离开这个漂亮的院子。李家的小院已经成了古生村的一个著名景点。

李德昌说这两年多时间里，前来探访他家小院的游客差不多有一百多万人。这真是一个让人吃惊的数字！村子里曾经有人跟他开玩笑说：每天那么多人来你家参观，如果收门票会是一笔不小的收入。哪怕一人只收一块钱，加起来也是上百万的进项呢！

李德昌严肃地说："这样的钱是不能要的，大家来参观都是因为托了习总书记的福，这是我们李家的光荣，也是古生村的光荣！"现在大理有的单位新党员宣誓，或者过"七一"建党节，也会选择来他家小院里举行仪式。

李德昌深深懂得，这是一份钱买不来的光荣！

总书记在李家小院里还对大家说过一段话："云南有很好的生态环境，一定要珍惜，不能在我们手里受到破坏。"这是总书记对云南的关爱，也是对云南人的嘱托，我们有什么理由不把自己家乡的生态保护好、建设好，让总书记放心？

李家大门上挂着一副一位当地文化人撰写的对联，记录了古生村百姓对习总书记的怀念与感激："近水白家春光好，平凡绿野故事多。"横批为"习习春风"。其中的意蕴颇为深厚。

李德昌自己也写了诗纪念，他笑着谦虚地说自己文化不高、写得不好，只是想表达总书记来自己家的那份激动心情。我把他的这几首颇有白族大本曲民歌风格的诗作录于后与大家分享：

词记山花·习总书记到我家

其一

苍山含笑洱海欢，习总书记到我家。
十里乡亲走相告，喜鹊叫喳喳。

其二

苍山起舞洱海唱，北京大理是一家。
主席来我家中坐，世代也荣光。

其三

看了厨房看堂屋，主席和我拉家常。
话语句句三冬暖，热乎我心肝。

其四

苍山洱海一幅画，无尽乡愁主席夸。
梦里梦着中国梦，国泰万民安。

对一个普通的白族村庄来说，习总书记的视察，是一件可以载入古生村史册的大事。它的生态文明建设，确实也有自己的独特之处。是一个历史悠久、民族文化内涵丰富的白族村庄。

古生村，隶属于大理市湾桥梁镇中庄村委会。位于洱海之滨鸳鸯洲之上，有着两千多年的悠久历史。这里民风淳朴，文物古迹众多。村子里就有福海寺、水晶宫（本主庙）、古戏台、凤鸣桥等建筑，昭示着这个村子不平凡的历史。

现实中的古生村，也是一个让游人想停下脚步，不舍得离去的地方。民居建筑高雅别致，屋檐门窗无不透出白族风韵。小巷里处处有清澈的溪流环绕，从家家户户的窗下流过。墙上有充满拙扑感的乡村宣传画，向人们传播文明理念。

一个古色古香的千年之村，让人流连忘返。一块大理石碑上镌刻着一篇“习近平总书记视察古生村记事”。简洁的文字复原着那个幸福的时刻：“总书记和村民们围坐在院子里，一起拉家常、聊民情、谈生产。”“小院内欢声笑语，暖意融融。”“他还对村民们说，‘党和政府还会不断增加农业农村投入，支持农村建设发展，支持农民增收致富，大家的日子一定会更好！’”

“听着习总书记温暖的话语，村民们人人欢欣鼓舞、激动万分。当习总书记起身离开时，村道两旁已经聚集了许多闻讯赶来的村民，他们纷纷向习总书记问好，习总书记也同围拢过来的村民一一握手，向远处的村民挥手致意。真是‘浩浩春风拂南疆，千年古邑连京华。似海恩情永铭记，白族人民心向党’。”

古生村的良好生态除了得益于大自然天时地利的赐予，还和各级政府部门长期以来的重视分不开。陪我同行的湾桥镇党委宣传委员王振勇，对这里的情况如数家珍。据他介绍，自从2009年开始，经过洱海流域的“百村整治”工程、新农村建设等活动，古生村受益很大，既有效保护了洱海生态，又改善了村容村貌，村民的环境环保意识也得到提高和加强。

他说现的生活用水、农业用水都不会直接排入洱海。我认真查看了一下，发现每一家每一户的窗外都有几根不同的排水管，把生活污水分别排入不同的管道，进行治污处理之后再根据情况进行回收利用。一户农家的院墙上写着一行大字："大家讲文明，古生更闻名。"一户"三清洁示范"家的牌子上写着示范的"五好"要求："环境卫生好，绿化美化好，门前秩序好，污水处理好，田园清洁好"，每一个"好"的后面，都有具体的要求和规定。

我感觉到在古生村这里，保护洱海，爱护环境，已经是一种自觉的行动。一位正在村子中心大榕树下乘凉的老人笑呵呵地说："总书记都说了，要好好保护洱海。这是我们自己的家乡，我们更有责任保护好。"

村子临近洱海的地方，已经被打造成一片湿地，种植了一些具有排污功能的植物，对水质进行净化和保护。几只水鸟从芦苇丛中惊起，远远地从水面掠过，消失在水光山色处。洱海之美，令人入迷。王振勇指着水中的一片水生植物让我看，说那是海菜，只有水质好的地方才能生长。现在进入洱海的水，都要经过层层把关、层层过滤，保证水质没有污染。

自从习总书记到过这里以后，对古生村生态环境的发展建设是极大的鼓舞。目前这里正在倾力打造"记得住乡愁"的中国最美乡村。王振勇笑着说：总书记在洱海边"立此存照"，对我们来说既是鼓舞，也是压力。我们必须努力保护好洱海的生态环境，把洱海的事情做好，才对得起总书记的重托。

总书记的大理乡愁，对中国的乡村建设来说将是重要的催化剂。他在李德昌家的小院里感受、体会着乡村简朴、诗意生活的同时，胸中所想的是整个中国乡村的事。或许在那时，一个关于乡村建设的长远规划，已经开始在他的心里酝酿。在中国的现代化建设中，乡村的事不能忘记。

乡愁，是美丽的；乡愁，也需和具体的乡村事物紧密相连。有小桥流水潺潺，有田园瓜果飘香，有长胡子老爷爷吸着烟袋坐在树下讲古。有母亲的呼唤在门前响起，有孩子的欢笑在屋檐下飞扬。

对古生村的村民来说，乡愁中还有一片洁净的洱海；有鱼儿跳跃，水波荡漾。还有总书记的殷殷嘱托，时时回响在耳畔……

二、“美丽宜居乡村”绘美景

习近平总书记来大理古生村视察十个月之后，中央出台了一个和中国广大乡村发展有密切关系的重要决策。

2015年10月29日中国共产党第十八届中央委员会第五次全体会议通过的《中共中央关于制定国民经济和社会发展第十三个五年规划的建议》提出了“建设美丽宜居乡村”的远景规划。原文表述为：

“促进城乡公共资源均衡配置，健全农村基础设施投入长效机制，把社会事业发展重点放在农村和接纳农业转移人口较多的城镇，推动城镇公共服务向农村延伸。提高社会主义新农村建设水平，开展农村人居环境整治行动，加大传统村落民居和历史文化名村名镇保护力度，建设美丽宜居乡村。”[1]

2015年11月5日，第二次全国改善农村人居环境工作会议在广西恭城瑶族自治县召开，中共中央政治局委员、国务院副总理汪洋出席会议并讲话。他强调，要认真贯彻十八届五中全会精神，全面落实党中央国务院的决策部署，按照全面建成小康社会的总体要求，扎实开展农村人居环境整治，加快改善农村生产生活条件，建设美丽宜居乡村，提高社会主义新农村建设水平。

11月10日，云南省开始行动。全省美丽宜居乡村建设工作现场推进会在楚雄彝族自治州举行。会议传达了第二次全国改善农村人居环境工作会议精神，对云南下一步的“美丽宜居乡村”建设进行了安排布置。会议特别强调，在建设过程中，有一些关系需要理顺，比如“新建、改造与保护的关系，传承民族优秀历史文化与推动民族进步发展的关系，政府规划引导、政策项目推动与发挥群众主体作用的关系”。要注意正确处理把握好创新多元并举的建设投入机制，强化责任落实，形成工作合力。

在《云南省美丽宜居乡村建设行动计划》中，对建设美丽宜居乡村，有这样的阐述：“建设美丽宜居乡村是云南实现跨越式发展、与全国同步全面建成小康社会目标的重要举措，是建设美丽云南的重要基础，是践行党的群众路线，让广大农民群众共享改革发展成果，提高农民生活品质的重要途径。”[2]

在基层采访中，我一直在理解和感受何为“美丽宜居”？除了文件的规定，还需要从进入视野的村村寨寨中去寻找答案。

美丽宜居乡村是新农村建设的升级版，如果和传统的乡村建设相比较，它有不同的特点和变化，体现出更加完美的发展思路和长远的追求。它并不满足于仅仅让农民能建起一栋小楼，吃饱穿暖，过上所谓的小康生活。

可以说美丽是乡村的形式，宜居则是乡村发展进步的新理念。所以，“美丽宜居”还包含着诸如农业发展方式的转变、生态环境资源的合理利用、农村可持续发展、保护和传承农业文明这些重要的内容。

我迫切地想了解，美丽宜居乡村的内涵包含了哪些追求？

主要体现于对四个美的追求上：环境美、生活美、产业美、人文美。每一个美的后面，都有全新的观念和丰富的内容。乡村建设，如果上升到审美的高度来认识，就有了更多拓展的空间。

第一，环境美。主要强调乡村环境的建设，不仅仅是田园风光这个概念可以容纳。还应该包括布局的规划合理，有完善的基础设施，总体效果能与自然环境相和谐。如古人诗中所描绘的："绿树村边合，青山郭外斜"，就是一种和谐之美。

在云南省制定的"行动计划"中，对乡村污染的问题特别关注，专门强调："村寨生态环境保护明显加强，乡村工业污染、农业面源污染和农村垃圾、污水得到有效治理，村容整洁，生态良好，人居环境明显改善。"

第二，生活美。这里强调的是乡村的物质生活要有保障，社会福利要有保障。邻里亲朋之间友好相处，共同创造社会的和谐。经济是文化发展的基础，古人早就说过"仓廪实而知礼仪，衣食足而知荣辱"，正是强调了社会经济的发展，决定着生活美的质量和高度。

云南省制定的"行动计划"中，村民的新生活还包括：村寨实现通路、通电、集中供水，广播电视、通信、互联网等通村到户，教育、文化、卫生、就业培训和社会管理等服务体系健全，农民群众生活质量明显提高，乡风文明，过上现代、文明、安全的新生活。

第三，产业美。产业美就是要做到产业特色明显，产品优质安全，与资源生态相和谐。目前全省各地都在充分利用各自的优势，推进绿色产业的发展，取得了不少经验和成绩。云南处处青山绿水的生态优势，在美丽宜居乡村的建设中，应该得到充分利用和发挥，让它们能转化成金山银山，造福人类。

云南省制定的“行动计划”，强调发展特色优势主导产业，同步建成规模化、标准化现代农业产业基地，以及形成新型农业经营主体，能带动农民持续稳定增收。对生态产业尤其重视。

第四，人文美。人文美要求乡风朴实文明，地方文化鲜明，与传统文化相和谐。云南的很多乡镇都有着悠久的历史和独特的传统文化。在“美丽宜居乡村”的建设中，应该深入理解、充分开掘。

云南省制定的“行动计划”中，对村寨的规划布局和建设水平都有具体要求，特别强调，对各地的民族传统、历史文化等特色既要突出，也要体现田园风光和农村的特点。要发掘和保护传统村落、传统民居、古树名木及古建筑、民俗文化等历史文化遗迹遗存，建设体现民族特色、地方特点的标志性公共建筑，保护民族语言、文字、服饰、习俗等传统文化。

这“四美”的追求和实现，将使中国的乡村建设达到一个新的理想高度。

中央的“远景规划”和云南省的“行动计划”出台后，在云南全省引起很大反响。全省各地州市纷纷采取行动，根据上级指示精神，开始制定各地的建设方案。建设美丽家园，离不开美好的蓝图，制定规划标准非常重要。

“努力建设既有田园风光，又有现代气息的美丽宜居乡村”，是时代的召唤，也是中华民族新时代的生态理想和追求。我选择了几个地州市的规划和行动为切入点，期望从中透视出全省乡村建设的近期目标和远景追求。

昆明市

作为云南省会城市的昆明，在“美丽宜居乡村”的建设中努力进取，又一次起到了示范带头作用。2016年6月，昆明市委常委会审议通过《昆明市美丽宜居乡村建设行动计划（2016—2020年）》，明确提出从2016年起，将每年推进200个左右美丽宜居乡村建设，到2020年，建设1000个以上美丽宜居乡村，带动村庄人居环境明显改善，农民生活质量明显提高，促进全市新农村建设整体提档升级，加快形成城乡一体化发展新格局。

很多媒体纷纷以“2020年将有千个美丽宜居乡村”“昆明五年建设千个美丽宜居乡村”为题，报道了昆明市的规划和行动，引起很大的社会反响，让人们对昆明乡村的美好前景充满期待。

美丽乡村建设，对昆明旅游业的发展也将是一个促进。

美丽乡村，就是以“三清四美三宜”的新农村为目标：即清洁家园、清洁田园、清洁水源，规划科学形态美、村容整洁环境美、创业增收生活美、乡风文明和谐美，宜居、宜业、宜游。

昆明的建设目标确定后，任务非常繁重。

在市里制定的规划中，每年要推进80个左右美丽宜居乡村省级重点建设村，实施25个左右省级规划建设示范村；5年计划实施22个左右省级民族特色旅游村寨建设；还要做好传统村落的保护和开发工作……

目前一切都在有序而紧锣密鼓地进行中。期待着不远的2020年，一千个美丽宜居的乡村，为昆明的发展增添活力。那时候生活在城市的人们，每到周末便可以来到附近的乡村，体验田园之美，和大自然来一次亲密接触。孩子们可以学习大自然的知识，老人可以在田园回忆往事。我们对乡村的怀想，有了具体内容的支撑将会变得更加诗意和浪漫。

曲靖市

曲靖市地处云南东部，国土面积2.89万平方千米，辖七县一市一区，境内生活着汉族、彝族、回族、壮族、布依族、苗族、水族、瑶族等各族人民。有历史悠久、文化厚重、区位优越、交通便捷等特色。

曲靖一直是国家“三线”建设和全省工业布局的重点地区，有比较好的经济优势。2015年全市实现国民生产总值1630.26亿元。

曲靖的自然景观丰富多姿，境内有沾益县珠江源、罗平县鲁布革、陆良县五峰山、富源县十八连山4个国家级森林公园和沾益珠江源、罗平多依河—鲁布革、陆良彩色沙林、富源胜境关、会泽以礼河、宣威东山寺6个省级风景名胜区。

著名景点有“一目十瀑，南国一绝”的九龙河瀑布群，罗平万公顷油菜花海，会泽万公顷大海草山，马龙别具风情的野花沟、马过河水上风光，还有富源胜境关、麒麟区的翠峰山、三宝温泉和师宗的翠云山、菌子山等等，都是休闲度假的理想之地。在“美丽宜居乡村”

建设中有着独特的区位和自然优势。

自从中共云南省委吹响“美丽宜居乡村”建设的号角之后，曲靖各区、县很快行动起来，结合各地实际，纷纷制定各具特色的建设规划。

麒麟区，是珠江源头第一城，素有“滇东重镇”“入滇锁钥”之称，是南方“丝绸之路”的必经之地。在“美丽宜居乡村”建设行动中，区委、区政府按照“建一幢房、种一片树、修一条路、安一根水管、建一个活动场所、装一盏路灯、建一处垃圾堆放点”的要求，以创建“美丽乡村、幸福家园”活动为载体，大力实施“七项行动”。一切目标都是围绕着建设“山清水秀、天蓝地绿、景美民富、和谐宜居”的美丽家园而进行。

沾益县，是珠江源头第一县。位居长江、珠江两大水系的分水岭地带。县境内有珠江源马雄山国家级森林公园和海峰湿地自然保护区。是云南省烤烟主产县之一和重化工业区，还是中共云南省委批准的“革命老区县”。

沾益，在建设美丽宜居乡村的行动中，加快步伐，努力前行。根据中央和省委的相关文件精神，县里很快制定了很多切实可行的措施。比如调整优化村庄布局。加强农村生态建设。按照建筑美化、道路硬化、街道亮化、沟渠净化、村庄绿化的要求，改善设施，保护生态，整治环境，构建绿色生态村庄。合理配置资源。扎实推进村庄水、电、路及精神文化生活服务设施建设。每一项措施都和提高农村居民的幸福指数密切相关。

师宗县，位于曲靖市东南部，地处滇、桂两省（区）接合部，属云南省革命老区县之一。师宗县复杂的地形地貌、独特的地质构造和气候特征，成就了绚丽多彩的自然景观。现已开放的景点、景区有英武山风景区、南丹山风景区、凤凰谷风景区、翠云山风景区、葵山温泉度假区、五龙生态旅游区等。在“美丽宜居乡村”建设中，优势突出。

师宗县制定的目标是从2016年开始，每年推进60个以上美丽宜居乡村建设，到2020年，建成300个以上美丽宜居示范村，目前已启动20个美丽家园示范建设项目。做了很多实事，比如优先改善村庄的通水、通路、通电条件，优先改造危房、消除危房，在此基础上逐步整治村庄环境，进一步延伸提高教育、卫生等基本公共服务的硬件保障条件和软件服务水平，在产业培育和素质提升上力争有所突破。同时还把为美丽乡村建设奠定物质基础和生活保障，作为一个重要问题来对待，培育增收产业。因地制宜引导农民种、养适销对路的农产品。

马龙县，是滇东门户，自古以来都是云南联系内地的必由通道。历史上的“庄蹻入滇”“诸葛亮南征”和徐霞客游历天下，都在马龙留下了足迹。红军长征时又两过马龙，毛泽东、周恩来、朱德等老一辈无产阶级革命家都在这里留下了足迹。有人形容，马龙是名副其实的“千年车水马龙”。

马龙县以“建设新村寨、发展新产业、过上新生活、形成新环境、实现新发展”为目标，科学谋划，因村施策，制定有效措施，从美丽宜居乡村规划、农村危房改造、村寨环境整治等10个方面，着力打造美丽宜居乡村建设村28个，扎实推进全县美丽宜居乡村建设。

……

为了建设美好的乡村，曲靖各县都在努力奋斗。

西双版纳州

作为获得“全省首个生态文明州市”的西双版纳，在建设美丽宜居乡村的行动中也处于领先的地位，建立起州、县、乡三级联动机制，整合资金共同建设美丽宜居乡村。在争当美丽宜居乡村建设排头兵的精神指导下，各项工作取得了很好的成效。

2015年12月1日，全州美丽宜居乡村建设工作现场推进会，在景洪市勐养镇曼景坎村委会曼掌村民小组举行。这次会议主要是贯彻落实省里的相关精神，总结交流全州新农村建设情况，安排部署下一步美丽宜居乡村建设工作。景洪市、勐海县、勐腊县、景洪市勐养镇党委、镇政府和州住建局负责人在会上做了交流发言。西双版纳州以2006年实施的“新农村建设百村试点”为基础，全州参与美丽宜居乡村建设的村寨已超过2000个，全州各级共投入美丽宜居乡村建设资金超过4.5亿元，实施了3000多个项目。今年共实施美丽宜居乡村建设项目91个，全州60%以上的自然村都开展了美丽宜居乡村建设。不但改变了生活环境，还有效地促进了农民增收，让农民过上了幸福的生活。

西双版纳州坚持把建设“魅力之村”作为美丽宜居乡村建设的重要内容，2013年以来，对参与美丽宜居乡村建设的村寨开展民族文艺、民族体育培训1000多人次，培养非物质文化传承人12人，新建村文化室11个。有效促进了农村基层组织建设。同时还坚持把“平安之村”作为美丽宜居乡村建设的重要任务，通过进一步加强民兵、治保、调解等基层基础工作，大力开展禁毒禁吸工作、普法工作，以及精神文明创建工作，有效地促进了农村和谐、稳定。

景洪市的曼听村，被列入首批“美丽乡村”示范村建设项目，目前3个村民小组的道路已经进行了改扩建；6个村寨装上了太阳能路灯，整个村子变得更加明亮、整洁。村民们的生活质量得到了很大提升。全村家家户户自发建起了简易垃圾箱，村里对垃圾统一清运和管理；村寨的污水，也得到了有效的管理。

漫步在这里的傣家村寨，到处绿树葱郁、花香弥漫，犹如行走在公园一般。傣族群众对村寨环境的变化也非常满意。一位老人家说：以前村子环境比较差，请亲戚来做客都不大好意思。现在变化很大，和城里几乎没有什么区别了！

先看看勐腊县的规划。

勐腊，为傣语，意为“茶之地”，或者“茶之国”。勐腊县围绕“新房新村、生态文化、宜居宜业”的总要求，以“建设新村寨、发展新产业、过上新生活、形成新环境、实现新发展”为目标，全力推进美丽乡村省级重点建设村工作，今年，全县12个村小组被确定为美丽宜居乡村省级重点建设村。

其中的勐仑镇就很有特色。“勐仑”为傣族地名，意为柔软的地方。传说佛祖释迦牟尼某次巡游来到南仑河边，坐在一块石头上休息，感叹说，“这里的石头好柔软”，勐仑因此而得名。

勐仑位于勐腊县西北部，距县城60千米，辖曼边、城子、勐醒、大卡4个行政村，镇政府驻新寨。这里有“勐养—勐腊”公路穿境而过，有传说建于明朝的名胜古迹塔庄峨、塔庄伞、塔庄东南三座佛塔。在罗梭江畔的葫芦岛上，建有中国科学院云南热带植物研究所，所内有热带植物数千种，风光非常秀丽，是旅游佳境。勐仑自然保护区，以热带雨林风光而著称。

自“美丽宜居乡村”建设工作开展以来，勐仑镇以美化村容村貌、完善基础设施建设等为突破点，加大投入，进一步改善居民居住环境，使广大村民住有所居、行有所安、娱有所乐。勐仑镇的各个自然村，道路宽阔，村容整洁。今年以来，勐仑镇共为4个村购置垃圾箱250个，实现街巷垃圾有固定放置点，改变了农村生活垃圾乱堆放的局面。

为改善村民的出行条件，勐仑镇加大对村街巷道路硬化力度。目前，全镇共完成路面硬化160.5千米。全镇街道村庄绿化栽植树木4.1万株，各村都有卫生室、便民连锁超市、文化活动室，村村通电，广播、电视均已实现全覆盖。随着收入的不断提高，村民对文化需求越来越高。为了满足群众这一需求，勐仑镇加大村级文化阵地建设力度，在全镇4个行政村建设了8个文化广场，总面积5100平方米。同时，各村还成立了妇女舞蹈队和老年文艺队，形成“天天有活动、人人都参与”的浓厚氛围。勐仑镇的变化，代表了勐腊县“美丽宜居乡村”建设的缩影。

再看看勐海县的行动。

勐海县的名片有很多，比如“中国普洱茶第一县”“滇南粮仓”“西双版纳春城”等等，体现了勐海在生态文明建设方面的特色和优势。

“美丽宜居乡村”建设拉开帷幕后，勐海县以开展提升城乡人居环境行动、美丽宜居乡村建设及农村环境综合整治工作为契机，大力开展农村环境整治工作，不断完善村寨“两污”设施建设。同时建立规章制度，强化管理。对乡村来说，环境问题是大问题，必须要引导村民参与到大环保建设中，将环境整治工作纳入村规民约。目前很多乡镇开始建立健全设施运行维护管理机制，按“谁污染、谁治理、谁受益、谁支付”的原则，探索出一条路子：“县财政局、乡镇、村寨”三级联动，做好设施建管各项工作，整治农村环境，起好典型示范作用。

世界上的事，没有最好只有更好。

经过规划和建设后，勐海的乡村将会迎来更新的变化。自然风光和民族风情的有机结合，将是旅游者向往的天堂，

大理市

大理全市的美丽宜居乡村建设都在扎实推进。

习近平总书记到大理视察，对大理的生态文明建设是一个极大的促进和鼓舞。大理市委的目标就是：记住总书记的嘱托，把大理的乡村逐步建设成为“看得见山水、记得住乡愁”的美丽宜居乡村。为此，市委八届六次全会提出要“抓住被列为‘全国农村人居环境改善试点市’的重大机遇，按照‘城乡一体化、全域景区化、建设特色化’的要求，以现代城市的理念引领美丽宜居乡村建设，高规格打造6个样板村和16个重点村，着力打造环洱海美丽宜居乡村示范带”。

一年来大理市有效整合建设资金2.4亿元，高位推进古生、大关邑、大麦地、龙下登、南五里桥、桃源等17个村的美丽宜居乡村示范村建设，完成130多个新农村建设项目，惠及农户5500多户，受益群众

达2.3万人。

在建设过程中，大理市做到充分尊重群众的知情权、参与权、监督权和管理权，让群众真正成为美丽乡村建设的建设主体和管护主体。大理市喜洲镇仁里邑村有12个村民小组、4556人。美丽宜居乡村示范村项目启动后，计划整合投入资金804.66万元，目前已经完成了青石板榕树广场、村民活动广场建设，安装了排污管道、太阳能路灯、智能监控系统等，打造了约21.73公顷旅游休闲观光园。

村庄的美是有目共睹的，环境美了，生活才会更美。

2016年以来，大理市通过规划引领，改善综合环境，不断完善基础设施配套，加强典型示范，创新工作制度，大力发展乡村旅游产业，充分发挥广大群众作为组织者、参与者、实施者和受益者的主体作用，建立长效机制，全市美丽宜居乡村建设各项工作全面推进，成效显著。

临沧市

临沧，地处云南西南部，因濒临澜沧江而得名。是昆明通往缅甸仰光的陆上通道，拥有3个国家口岸和17条通道。这里生活着23个民族，是佤族文化的发源地。自然资源丰富，风景美丽迷人。曾经先后荣获“中国十佳绿色城市”“中国恒春之都”“中国最佳适宜居住城市”等荣誉称号。

临沧正在努力打造和谐家园，建设美丽乡村。

2016年，临沧市投入资金30.31亿元，完成旧村改造1133个。在进行美丽宜居乡村建设和美丽村庄建设中，临沧市围绕公路沿线、旅游景点、城镇周边布点，扎实推进“洁净临沧”行动计划，解决农村脏、乱、差问题，努力实现公共资源均等化，打造一村一景、一村一品、一村一特的精品村。据统计，2016年临沧全市共建设美丽宜居乡村400个，完成美丽村庄提升110个。

临沧美丽乡村建设正向宜居、舒适、生态的目标迈进，农村服务功能日益完善，脱贫攻坚工作迈上了新台阶。2016年以来，临沧各级各部门以农村精准扶贫、脱贫攻坚为切入点，通过采取示范带动、特色推进等有效措施，着力实施“产业提升、村寨建设、环境整治、脱贫攻坚、公共服务、素质提升、乡村治理”七大行动建设美丽宜居乡村，把惠民政策落实到千家万户，带动了农村的投资，促进了农村的消费，同时，还改变了农村环境和群众生活方式，使农村人居环境得到不断提升，为全面打赢脱贫攻坚战和建设大美临沧打牢了根基。

文山州

文山壮族苗族自治州，地处云南省东南部，居住着汉、壮、苗、彝、瑶、回、傣、布依、蒙古、白、仡佬11个民族。拥有许多美丽动人的自然景观。

在文山州的“美丽宜居乡村”规划中，今年的建设目标是一年之内按质按量组织实施完毕，建成74个美丽宜居乡村。

文山州的建设任务很明确，建设新村寨。让村民的住房安全、实用、美观，无危房，能满足生产生活需要。基础设施和公共服务能够满足村民日益增长的物质文化需求。村寨民居还要体现出浓郁的地方特色和民俗特点。为了保护好环境，要做到人畜分离、厨卫入户，饮水安全，道路、电力、通信、能源进村入户，卫生、文化、商贸等公共服务设施配套，村寨整洁。

在建设美丽村寨的同时，还要为群众的生活着想。要发展新产业，种植业或养殖业实现连片、规模、特色发展，让农民持续稳定增收的效果得到明显体现。

要让各民族群众过上新生活。主要体现在：家庭和睦，邻里和谐，社会稳定，公共秩序良好，文化生活丰富。

对如何形成乡村新环境，实现新发展，文山州都有全面细致的规划。

在2016年至2020年期间，马关县将全力推进“新房新村、生态文化、宜居宜业”的社会主义新农村建设要求。按照“有村庄规划、有安全住房、有便捷‘通道’、有活动场所、有宜居环境、有照明路灯、有致富产业、有管理班子、有保障体系、有管理制度、有脱贫思路、有学习课堂”12有目标，到2020年全县建成200个以上美丽宜居乡村，并重点打造50个美丽宜居乡村典型示范村。

砚山县八嘎乡先嘎村、蚌峨乡龙舍中新寨村、阿猛镇西油库村等11个村被立为2017年云南省美丽宜居乡村省级重点建设村，每个村省级财政补助45万元，重点用于村内户外公益事业建设。

文山的如画山水，将增添更美丽的景致。

昭通市

位于滇东北的昭通市，地形立体多元，境内群山林立，海拔差异较大，具有高原季风立体气候特征。因为地理条件差，扶贫一直是昭通的重要任务。“美丽宜居乡村”建设，对昭通的发展来说，是一个重要的机遇。

昭通市结合区域实际，坚持“规划引领、创新机制、连片打造、重点示范”的工作思路，以中心城镇周边、风景名胜区周边、交通主干线、区域交界为重点，以省级重点建设村、一事一议财政奖补美丽乡村、少数民族特色村寨等为突破点，着力打造一批以“秀美之村、富裕之村、魅力之村、幸福之村、活力之村”为主题的美丽乡村。

如今，全市村庄建设有新面貌，环境整治有新气象，产业培育有新起色，美丽乡村建设呈现特色突出、百花齐放的格局。

昭阳区2014年启动实施了美丽乡村建设三年行动计划，在中心城市规划区外的主要公路沿线及洒渔河沿线的11个乡镇共94个村庄实施美丽乡村建设。结合乡镇实际情况，按照“田园风光型、休闲农庄型、农业观光型、工业服务型、劳务输出型、农产品交易型和养殖带动型”进行规划。

来到昭阳区洒渔镇新街集镇，这里有宽阔平坦的水泥路，道路两旁矗立着“白墙、灰线、格子窗、坡顶、青瓦、两头翘”的楼群，从视觉上就格外引人注目，为乡村带来一种新的气象。金秋十月苹果丰收的时节，新集镇苹果市场内客商云集、车水马龙，将会是一片繁忙景象。

昭通市彝良县结合县情，对一些具有特色的乡镇进行了申报。

比如角奎镇漆树村漆树组的樱花，龙街乡梭嘎村龙井组的酥麻，两河镇大竹村蕨基坪组，在食用菌种植方面已经形成特色，申报为市级特色产业引领特色村庄。角奎镇阿都村偏坡组罗炳辉将军故居、柳溪乡水果村桐林组镇彝威地下党支部遗址，则申报为市级历史人文引领特色村庄。

各个乡（镇）各有特色、各有风格。奎香乡寸田村后山组打造彝族风情园，洛泽河镇毛坪村铜厂沟开发民族歌舞，钟鸣镇钟鸣村寨上组的苗族传统技艺大放异彩，被评为市级民族文化引领特色村庄。

……

云南的乡村建设有了全新的努力方向，期待着更加美好的前景。

在我行色匆匆的采访中，看到很多村寨的建设正在进行中，从传统村落的保护，到民族文化的开掘，从生态环境的规划到产业结构的调整，传统的中国乡村迎来了一次新的发展机遇。传统和现代的结合，“四美”内涵的追求，定会为云南的乡村带来全新的变化。

三、行走在美丽乡村

云南大地上的村寨星罗棋布，风情各异。

26个民族共同的历史、文化，为红土高原增添了无穷的魅力。在“美丽宜居乡村”的建设中，它们迎来了新的机遇，将焕发出更大的活力。大地上的行走，是认识云南村寨的好时机。虽然是走马观花，但也能看到很多不同的风景，体会到时代的发展进步和人力的创造之美。这也是云南争当生态文明建设排头兵的成果之一，各民族人民在奋斗，大地上的风景日新月异。云南的明天将会更美丽。

“中缅第一寨”勐景来

勐海县的勐景来，堪称“美丽宜居乡村”的典范。

勐景来位于西双版纳州勐海县境内，中缅边境地区，距打洛口岸5千米，与缅甸掸邦第四特区的首府、著名的旅游城市小勐拉遥遥相望。一条清澈的打洛江从寨子西侧流过，形成天然的国境线，因而有“中缅第一寨”之称。

勐景来于2010年2月被评为“云南省首批50个乡村旅游特色村”，于2013年1月被中国文化保护基金会授予“中国傣族文化保护传承示范基地”“中国文化旅游示范基地”等，先后获得各项荣誉称号数十项。

从公路拐进去几百米，老远就看见了用汉文和傣文写着“中缅第一寨”的寨门，傣式风格的建筑，传统的黑色瓦片顶，朱红色立柱上绘有孔雀的图案。从入口处看进去，完全是个公园的格局。但进去一段路，就看见了和公园不一样的地方，一位老米涛（大妈）在路边摆了个摊出售土特产，有香蕉、红糖、自制的烟卷，还有一篓刚刚摘下的新鲜黄瓜。几位广东游客准备买酸角，老米涛热情地递过一个让他们先尝后买。

村长岩应拉介绍说“勐景来”是傣语，“勐”是村寨，“景来”是追赶之意。合起来为追赶金鹿找到的地方。关于这个村寨的来历，当地还流传着一个优美的传说。相传在很久以前缅甸的一个大集镇上，一天突然出现了一只金鹿的身影。大家都认为这是神在显灵，纷纷跑去看这一奇观，王子也带着人前去观看。不料金鹿见到王子后，突然就对着他跪下了。王子非常惊奇，回去把所见到的事情告知了他的父王。国王听了之后对王子说："你今后要成为富翁，要成为国王，你就追随金鹿走，到金鹿消失的地方，就是你建家立国的地方了。"王子听了父亲的话带了4个随从，一路追赶金鹿来到了今天景莱村的位置，金鹿却不见了身影。王子一看这里山川秀美、物产丰富，非常适于生存。就回到故乡带领500个民众再次来到景莱，他们在这里建村修寨、开荒种地、生儿育女，从此在这里繁衍生息了一代又一代。这个传说从历史文化的角度印证了"中缅第一寨"的由来，同时也让人感叹傣族真是一个文化历史悠久而又多才多艺的民族，每块土地都有神话，每片树叶都有故事，这个传说为勐景来增添了诗意的氛围。

勐景来景区占地5.6平方千米，这里的田野中有成片的香蕉林的身影，更远的山头上则是茶园、胶林，水田、鱼塘随处可见，田园风光真实自然。还有58座塔林散布周围，千年菩提树伫立在村寨前后，一个古朴典雅的傣家村寨让人流连忘返。树林间隐隐闪现出许多寨子琉璃瓦的屋顶，还有屋顶的天线、阳台上的太阳能水箱，让人体会到生活的安宁与富足。

"美丽宜居"，在这里是真实的现实情景。寨里110户傣族人家，依然保留着传统的居住形式和生活方式。村民依然延续并保留着祖先流传下来的古老的造纸、打铁、制陶、榨糖和酿酒等工艺，它们是活着的傣族民间手工艺。

岩应拉介绍说，寨子从2003年起由金州集团投资开发，开始搞民族文化旅游。房子还是村民自己的，但可以搞农家乐，可以在家门口出售农副产品，生产和经商两不耽误。所以这里既是公园，也是寨子。这是一种全新的旅游开发模式，既满足了旅客对傣族风情的向往，也为傣族群众的生活带来了新的变化。

村道都是青砖墁地，路旁立着高大的棕榈树和一些叫不上名的绿色植物。隔不远就有村民出售土特产的小摊，摆摊的大多是妇女和老人，老远就热情地扬着手招呼客人。寨子中间一块小小的三角地上有一个“倒生根”或者叫“独树成林”的景观，一株热带常见的大榕树的根生长茂盛，和主干形成互相支撑的状态。

傣族的染布、制糖、土陶制作、竹艺、造纸、打铁、酿酒等传统技艺都开设有手工作坊，散布在寨子不同的角落里。每一种都是经历了千百年岁月而弥久历新的技艺，令今天习惯了现代化工业技术产品的人们大开眼界。比如竹子，是傣乡最常见的植物，凤尾竹掩映下的傣家竹楼已经成了傣乡的象征，竹子也是傣族人生活中离不开的事物。它可以建楼，可以编鱼篓、鸟笼、席子，在寨里的竹艺作坊里我见到两位老波涛（大爹），一位正在聚精会神地编织着小竹篓，一位正精心刮削竹条，两人配合默契。

行走在勐景莱的村道上，和谐、宁静的气氛让人流连忘返。那些来自四面八方的游客们，边走边对寨子的田园风光发出阵阵感叹。村寨后面不远处就是田野，香蕉林在风中摇曳出傣乡特有的风情。经济和文化犹如并驾齐驱的马车，拉动着这里的发展。人民安居乐业，大地上流淌着诗意，这正是“中缅第一寨——勐景莱”的真实写照，堪称是“美丽宜居乡村”的典范。

大理市·南五里桥村

2017年4月9日，由农业部、全国最美乡村创建办、农村杂志社主办的“2016中国美丽乡村百佳范例”在北京揭晓，大理镇南五里桥村荣登榜单。

中国美丽乡村百佳评选标准为产业美、环境美、人文美、生活美，经层层推荐、筛选，全国的151个村庄进入候选名单。在网络投票的基础上，经专家评审委员会评比，最终产生100个中国美丽乡村百佳范例村庄。

远在西南边陲的南五里桥村，能够在全国151个村庄的竞争中脱颖而出，体现了它不俗的实力。它到底有什么样的内涵和特色？

这是大理镇阳和村委会下面的一个自然村。从大理到喜洲的路上，一眼就能看到村口那座高大的牌坊。牌坊名为“和谐坊”，高11.1米，宽11米，全青石制作。是一座集民族特色、文化内涵和村庄标志为一体的牌坊。也是南五里桥村的标志。据一位当地朋友介绍，建这座牌坊，主要是为了表达这个村的群众对民族团结的追求和向往。“和谐坊”三个字，形象地传达出了这个村庄的百姓对理想的追求。和谐才能团结，和谐才能发展，和谐是任何一个时代都需要的精神。

南五里桥村位于大理古城之南，村内居住着回、汉、白、彝、藏、纳西6个民族，其中回族人口占大多数，是一个以回族为主的多民族聚居村落，是人居环境优美、民族文化浓郁、特色产业发展、生活幸福和谐的农村社区化改革示范村。近年来，南五里桥村不断加强基础设施建设，制定了村庄布局设计图，通过景观及空间设计，对村内主要街道、广场、节点进行绿化美化，丰富了村庄的历史文化和地域特征。

这里虽然只是一个自然村，却同时拥有两所学校。除了一所专门培养穆斯林高级文化人才的“穆专”外，还有一所“茶花幼儿园”，这里是孩子成长的摇篮。这所幼儿园建在村民提供的庭院里，以“茶花”命名。但也有人称它为“三语幼儿园”，因为孩子进入这里后，可以接受三种语言的教育，分别是：汉语、英语、阿文。民族性、国际性的特色都得到了生动体现。孩子从小就有一个良好的语言环境，为长大后的学习发展奠定下基础。

这个村还体现出经济的蓬勃发展和实力的强大。

村里有5个村民小组，民族成分有回族、汉族、白族，但回族人口占95%以上。人均土地面积却只有0.018公顷，只能依靠旅游业、食品加工、餐饮、运输业等来发展经济。从村子的房屋建筑上就可以感受到雄厚的经济实力，处处可见深宅大院和高大的门楼。虽然建筑上受汉族、白族文化的影响很明显，但在细节上却又时时体现出回族文化的风格。比如有的人家会在影壁上书写“世守清真”几个大字，或者在院墙上绘制的山水、植物图案间，会看到“公平正义”“仁慈博爱”“和平和谐”这样的字眼，无意中透露出了屋主的民族成分，也在村子里营造出一种独特的氛围。

按照“城乡一体化”的发展要求，村子已经投入一百多万元用于修建村里的“清真路”“和谐路”，还用一百多万元为村民安装自来水。并在全市率先实现“三线入地”工程，即电力、电信、广电的线路埋入地下管道，这在农村是个新的工程。

村里还不断建立完善“三清洁”环境卫生管理、集体三资管理、村民民主议事、民主管理、无职党员值班等管理制度，建立就医“小诊所”，搭建便民“小菜场”，做到了“小事不出村，小病不出村，买菜不出村”。村里建设了清真美食一条街，大力发展餐饮服务、旅游服务、客运货运、建筑工程机械、商贸物流等优势产业。在这里你才能体会到“美丽宜居乡村”的真实含义。

南五里桥能够获得“中国美丽乡村百佳范例”的荣誉，靠的确实是实力。

这里整洁的村容村貌给人留下非常深刻的印象，走在长长的巷子里感觉和传统的乡村完全不同。一位姓马的村干部介绍说村里专门安排了四个人，每天专门负责村子的清洁卫生工作。还投入30多万绿化环境，打造了两个文化广场，新建一处具有伊斯兰风格的照壁。另建有两个农贸市场、两个停车点、两个诊所、一个汽车修理点。整个村子充满了文明、和谐的气氛，民族文化的特色也非常浓郁。

清真寺管委会马主任介绍，这个村子有三条平行的道路，分别代表着三个不同时代的特色。一条是村子原来的老路，沿巷道而上，狭窄、古旧，代表的是这个村子曾经的历史。一条是新建的“清真路”，因由牌坊直通清真寺而得名，宽敞笔直，两边全是村民新建的院子，代表着村民今天幸福的生活。第三条道是村北的“苍洱大道”，是有名的“清真美食一条街”，沿街分布着20多户特色民居接待典型户，另有50多家餐饮、食品加工、家庭小旅馆散布其间。这里代表的是南五里桥经济的腾飞，也是美好生活的理想和希望。

这还是一个富裕而不失其本色的村子。

走共同富裕之路是村民们一直坚持的理想，据村干部介绍，多年来村里已经培养起一个良好的习俗，可以概括为“先富帮后富，致富不忘记他人”。先富起来的村民并没有只顾自己发财，而是积极带领、帮助其他村民发展经济。每年还自愿捐出自己收益的2.5%作为“帮困济贫资金”。一些发家致富的村民，对村里的公益事业也非常热心。一位村干部开玩笑说：“我们号召大家发扬‘延安精神’，自己的事情自己做，自己的家乡自己建。”修路、建文化广场，村民们都自觉地或捐款捐物或投工投劳，献上自己对家乡的一份爱心。建设一个美丽和谐的村庄，让大家都能过上幸福的生活，这是南五里桥人的共同心愿。

致富而能保持良好的社会风气，这就是南五桥村的又一个亮点。

走在这里的村道上，既能感受到城市文明的物质享受，又有一份乡村的安宁平和。村民们正在打造自己的“八景”“八德”，注重乡村文化的建设，体现出对幸福生活更高的精神追求。在村里的清真路上我看到墙上写着一份“南五里桥村规民约”，其中第三条就是：“团结友爱，相互尊重，相互理解，相互帮助，和睦相处，尊老爱幼。”

“团结办教，和谐共荣”，在南五里桥村既是美好的理想，也是可以感知到的现实。

“中国彝族第一村”：方山诸葛营

作为全省“民族文化生态旅游示范村”，楚雄州永仁县方山诸葛营村是一个有着美丽的自然风光和独特的民族风情的地方，也是彝州楚雄州文化旅游产业发展的一个缩影。不愧于它“中国彝族第一村”

的美名。

楚雄历史文化厚重，民族风情浓郁，自然风光秀丽，交通区位优越，素有“世界恐龙之乡、东方人类故乡、中国彝族文化大观园”等美誉。近年来，楚雄州紧紧抓住发展机遇，充分利用楚雄州良好的生态优势发展民族文化旅游业，为彝州百姓带来了希望和变化。方山诸葛营村的发展变化，就是一个很好的例子。

方山位于永仁县城北面，离城大约16千米。当地人说方山之所以称为方山，是因为它的形状无论从哪个方向看都是方方正正的。所以永仁县提出的一个口号就是“内仁外方”。可惜我行走在方山上是无法看到方山之“方”的，正所谓“不识庐山真面目，只缘身在此山中”。只感觉到一片苍翠茂密的森林，包孕着无边的风光与清凉。当地朋友说这感觉就对了，方山除了形状是“方”的，还有一个特点就是“清凉”，这里的年平均气温只有12度，是难得的避暑胜地。旧时曾是滇川交通要道，僧侣往来于鸡足山与峨眉山之间的必经之地，也是佛教圣地。

原来方山还是一座有来历的名山。

方山上还有一处诸葛营遗址。据清道光《大姚县志》载：“在方山麓马鞍山。有土城旧基，为武侯营垒，称诸葛营。”现在的遗址是楚雄州重点文物护单位，立有碑石，用铁栅栏围着一道隆起的土坡。如果没有这些标识，没有人能想象到这里竟然还有一段丰富的历史，是史书记载的诸葛亮“五月渡泸”之地。据说他带来的士兵因为水土不服，很多人生病滞留于此，和当地土著民族彝族通婚，繁衍后代，形成了最早的村庄。

在今天的商品经济时代，这一段历史无疑成了当地旅游开发中吸引人的一个亮点。民族风情加上三国历史，营造了方山一段独特的景观。

当地朋友介绍说，诸葛村紧傍方山，人称“千年古村”。又是一个在地震废墟上建设起来的全新的彝寨。2008年8月30日，一场6级地震把这个村庄79户人家的房屋几乎夷为平地。很多人家都有着家园被毁，住帐篷渡过困难时光的经历。在恢复重建中，永仁县委、县政府对诸葛村进行了新的设计和规划，以“民族、文化、生态、旅游”为特色，重新打造一个全新面貌的彝村，要把它建设成为“省级民族文化生态旅游名村”。永仁县委、县政府的各部门也积极投入到恢复重建中，给予诸葛村大力支持。79户人家分别被县级各部门承包，帮助村民解决实际困难，大力推动了诸葛村的重建工作。

作为“中国第一彝村”，村庄的建筑外观延续了云南彝族地区特有的土掌房的形式，但又有所加工改造，多为两层小楼，有宽敞的阳台和明亮的窗户，而且全部统一刷成赭红色墙面。这是一种和土地很接近的颜色，但又多了些明亮和妩媚之感，使传统建筑元素和现代特色有机地结合到一起。在蓝天白云的衬映下格外醒目。屋檐和墙面的细节也彰显了彝族文化特色。由红黄黑三色构成的云头图案、虎头图案及火、葫芦都是彝族文化中的重要元素，它们所引发的想象是丰富而悠远的。会让人感受到这个民族的历史、图腾崇拜、文化习俗。

这里的每个家庭都实现了庭院绿化，很多人家开办了有民族特色和生态特色的农家乐。我们随便走进一家“向老倌农家乐”，发现里面非常干净、整洁，几株梨树茂密的枝叶间挂着拇指大小的果子，等到秋天将会是一番硕果累累的景象。月季在枝头开出红硕的花朵，台阶下还摆放着一排种满绿色植物的花盆。女主人说村里的牲畜都集中在村外的养殖小区饲养，那里每家都有几间畜厩。以前都是人畜混居，卫生条件差。现在庭院就干净美观了很多，开办农家乐要有好的环境客人才会来。

依托于方山而开展的民族旅游业，还带动了诸葛营村产业结构的变化，一些具有地方特色的农产品也因旅游业而重放光彩。比如水果，樱桃、苹果、李子……如果是春天来到诸葛营村，单是看着满园水果在枝叶间成长的状态也会让人心动不已。如果是瓜果飘香的时节来到这里，更是可以亲手到园子里采摘果实，感受乡村生活的乐趣。

这里还出产有名的方山萝卜、方山洋芋、生态猪、黑山羊……得天独厚的自然条件，使这里可以种出反季的高山生态洋芋，无公害的蔬菜瓜果，连萝卜也格外香脆爽口。这些都是久居城市的人所向往的。

在上上下下各级各部门的帮助下，“中国彝族第一村”奇迹般地诞生于美丽的方山。只有亲自脚踏实地地站在诸葛营村，感受了这里安宁温馨的乡村生活，看到了村民生活的巨大变化，才会相信这是一个美丽的奇迹！

基诺乡·巴坡村

基诺族是全国人口较少民族之一，而且还是中国56个民族中最后一个被国家认定的民族。提起基诺族，最先想起的是他们头上那顶颇有特色的尖顶帽。

“基诺”一词原本就是民族语言，“基”是舅舅，“诺”是后代，合起来就是“舅舅的后代居住的地方”。从称谓就已经突出了一个民族独特的风情，舅舅在基诺族这里一定是最受尊敬的人。可以感受到，这是一个重情重义的民族。

景洪市基诺乡巴亚村民委员会巴坡村，2014年就被评为“省级生态村”。这里有优美的自然风光，保护完好的生态环境，还有崭新的村容村貌和内容丰富的旅游项目，使“美丽宜居”成为理想的现实，吸引着全国游人的目光。

巴坡村位于景洪市东部约28千米外，沿途闪过的都是苍翠的山林，无数的绿色植物，一直通向传说中的基诺山。这里古代称为攸乐山，是历史上有名的“六大茶山”之一，现在是西双版纳州基诺族传统文化保护区，也是全国唯一一个最全面最集中地展示并以基诺文化为主题的旅游景区，是了解基诺文化最重要的窗口。沿途不断闪过的山岭里面分布着40多个村寨，生活着17000多人。来到这里不仅可以尽情地观赏基诺山的美丽景色，还可以了解到许多关于基诺族的独特风情。

巴坡村是一个传统而古朴的村子，大多是传统的干栏式建筑，路边有三角梅的花朵正在盛开，成长中的小芒果像一些绿色的宝石，在枝叶间闪着迷人的光。

沿着巴坡村的一排台阶上去，一个独特的乡村集市出现了，它依着天然斜坡而建，两边搭起一溜帐篷专门出售一些具有民族特色的旅游产品。虽然简陋却有一种独特的乡村风情。出售商品的小姑娘都穿着鲜艳的基诺服装，她们好像刚刚表演完节目。这些基诺女孩都是寨子文艺队的演员，每天都要参加两场面对游客的演出，然后就来这里出售旅游用品。

这些摊点，就是基诺人与外界交流的重要窗口。他们每天要接触南来北往的游客，听南腔北调的方言，和不同职业与身份的人打交道。人们从他们这里带走土特产品的同时，也感受了基诺人真实具体的生活。世界在看他们，他们也在看世界。

顺坡上来上面还有一个很大的可以同时容纳上百人观看演出的场地，中间摆放着几个基诺族的大鼓。表演刚刚结束，一群意犹未尽的游客还在村子里转悠。山头上还有高大的基诺图腾柱和展示基诺族文化的“大公房”，里面集中了一个民族关于衣食住行的文化，简朴中传递出丰富的内涵。一个身着民族服装、挎着民族挎包的小伙子负责讲解，哪怕每次进来的只是两三个人，他也认认真真地讲解，丝毫没有懈怠。在大公房的墙上，我看到了江泽民、胡锦涛、习近平等国家领导人视察基诺山的照片。三任国家领导人竟然都来过基诺山，有的还和基诺人一起采茶，或者围着火塘叙家常。这或许也从一个侧面说明了人口较少的基诺人在国家政治生活中受到的关注和重视。

除了利用自然生态的优势开展旅游活动，种植业也是村民的重要收入之一。

村里的会计车切是个中年人，长得黑黑瘦瘦，穿件迷彩T恤。他说他家有9个人，以种植橡胶、茶叶为主，房子租给旅游公司搞旅游。他家可以顺带出售茶叶和土特产品，生活过得有滋有味。

为了让基诺人的生活过得更美好，进一步提升生活质量。基诺族乡紧紧抓住“美丽宜居乡村”建设的机遇，开始制定新的发展规划。2016年2月29日，基诺族乡举办了美丽宜居村寨规划建设与管理培训，参加此次培训的有7个村委会支书、主任及被评为国家级传统村落的巴卡老寨、巴亚中寨、巴坡、巴飘、巴朵村组长，共有20人。

会上传达了省、市的相关文件精神，还特别强调各村村民在建新居时要注重本民族元素，村干部要引导村民注重建新房新村、生态文化、宜居宜业，注重村寨环境绿化、美化、亮化，改厕、改圈等村寨建设项目，扎实地推进社会主义新农村建设。这次学习培训的目的，就是为了让村干部加深对美丽宜居村寨规划建设知识的了解，增强建设美丽乡村意识。

行走在巴坡村的绿荫下，空气中似乎有茶叶的清香弥漫。

期待着几年后这里的一切会发生新的变化。作为人口较少民族之一的基诺族，他们可以享受到现代文明的更多成果。

在云南的山岭间行走，是贴近基层了解各民族群众生活的好机会。我非常希望自己能走遍云南的山山水水，把那些真实的变化传达给读者。这里呈现出来的只是大海里的几朵浪花，是各族群众建设美好家园的几个侧影。它们代表着新的理想和希望，是云岭大地最美丽的风景。

注释：

[1]引自《中共中央关于制定国民经济和社会发展第十三个五年规划的建议》，载于“中央政府门户网站”2015年11月3日。

[2]全文载于《云南日报》2016年2月1日。

后 记

本书的写作，是一个光荣而艰巨的任务。我是在写作的过程中学习、加深着对生态文明的理解。也了解了云南在生态文明建设中做出的努力、收获的成果。能为云南的生态文明建设尽一份力，对走过的历程进行回顾，对取得的成绩进行总结，是一件非常有意义的工作。

生态文明的内涵非常丰富，一般是指人类遵循客观规律，与自然、社会建立的和谐关系。自然生态有着自身的发展规律，人类社会改变了这种规律，把自然生态纳入到人类可以改造的范围之内，这就形成了文明。

说得简洁点，生态文明，就是如何处理好人与自然的关系。生态文明的载体很具体，比如森林、江河、土壤的保护，空气、环境的变化等等。作为一个昆明的市民，其实近年来已经在充分享受生态文明建设的具体成果，从中感受到一个城市发展进步的脚步。比如抬头可以看到蓝天白云，俯身可以与片片绿色风景亲密接触。还有城市休闲绿地的增多，盘龙江水的清澈，滇池周围一个个如雨后春笋般冒出来的湿地公园，生态环境的美化等等。昆明的变化是如此明显，生态环境一天天在得到改善，这就是看得见的生态文明成果。还有生态观念的进步，生态科技成果的出现，市民低碳生活方式的形成……更是让人感受到云南在生态文明建设之路上，正在大踏步前进！

采访中所去的西双版纳、普洱、保山、大理、丽江，自然风景非常迷人。经过保护、建设的绿色生态，更如一道道绚丽的景观，为红土高原增添魅力。

在此要特别感谢西双版纳州、德宏州、保山市、大理州、丽江市及昆明市市委宣传部、外宣办对本书采访给予的支持。还有一些县、乡镇提供的相关材料，因为他们提供的数据和内容才是最真实可靠的。另外，写作中参考引用了云南网、林业厅、环保厅、水利厅等相关网站上的一些资料和数据，在此一并致谢！感谢云南省林业厅钟明川处长的支持，她在生态建设的领域积累了丰富经验，访谈中对生态问题如数家珍，给我很多启发。

这本书从准备阶段开始任务就很繁重，资料的阅读量大大超出了我的预期。从习近平总书记关于生态问题的论述、中共中央的报告、生态政策和法规，到云南省委的报告、决策，再到各地州、市的“十二五”规划、“十三五”规划，还有很多县的政府工作报告，甚至很多村镇创建生态文明的技术报告，都得一一涉猎和了解，否则无法把握各地生态文明的思路和行动。恍惚中觉得生态文明就是一个浩瀚的海洋，我驾着小船在海上漂荡……

当然，这也是一个学习和提升的好机会。广泛的资料阅读，再加上实地采访，让我对云南的生态文明建设有了比较全面的认识和了解。

只是时间确实非常仓促。7月份写作任务决定下来后，就开始马不停蹄地到一些生态文明成绩突出的州（市），对一些有代表性的生态文明先进县、市、乡镇进行现场采访。一路奔波下来虽然不免走马观花，但也收获多多，对云南的生态文明成果有了很多切身感受。8月初回到昆明，开始闭关写作。9月初完成书稿并修订。如此短的时间完成一部内容如此厚重的作品创作，在我自己的写作经历中也算得上是一次考验。

时间紧，任务重。写作中难免会有疏漏之处，诚恳地希望得到生态专家、各行业读者朋友的批评指正！如果能借本书让云南生态文明建设的成果得到传扬，让更多的人了解云南为此做出的努力和奉献，就是我最大的心愿。

感谢云南人民出版社赵石定社长和文萃编辑部海惠主任的帮助和支持！

感谢所有为云南生态文明建设奉献力量的人们！

2017年9月6日